BEI GRIN MACHT SICH IHR WISSEN BEZAHLT

- Wir veröffentlichen Ihre Hausarbeit,
  Bachelor- und Masterarbeit

- Ihr eigenes eBook und Buch -
  weltweit in allen wichtigen Shops

- Verdienen Sie an jedem Verkauf

Jetzt bei www.GRIN.com hochladen
und kostenlos publizieren

Irfan Atahan

Erneuerbare Energien. Photovoltaik-Anlagen und ihre Komponenten

Grundwissen

GRIN Verlag

Bibliografische Information der Deutschen Nationalbibliothek:

Die Deutsche Bibliothek verzeichnet diese Publikation in der Deutschen National-
bibliografie; detaillierte bibliografische Daten sind im Internet über http://dnb.d-
nb.de/ abrufbar.

Impressum:

Copyright © 2012 GRIN Verlag, Open Publishing GmbH
Druck und Bindung: Books on Demand GmbH, Norderstedt Germany
ISBN: 978-3-668-00641-6

Dieses Buch bei GRIN:

http://www.grin.com/de/e-book/200234/erneuerbare-energien-photovoltaik-anlagen-
und-ihre-komponenten

Photovoltaik
Grundwissen

BACHELORTHESIS

**Zur Erlangung des Grades Bachelor of Engineering
im Wintersemester 2011/2012**

Studiengang:

Internationaler Studiengang Wirtschaftsingenieurwesen B. Eng

Vorgelegt von: Irfan Atahan

Inhaltsverzeichnis

Abbildungsverzeichnis

Tabellenverzeichnis

Abkürzungsverzeichnis

Abb.	=	Abbildung
anschl.	=	Anschluss
EEG.	=	Erneuerbare Energien Gesetz
ggf.	=	gegebenenfalls
GW	=	Gigawatt
kWp	=	Kilowatt Peak
monatl.	=	monatlich
MW	=	Megawatt
pers.	=	persönlich/-es
PV	=	Photovoltaik
sog.	=	sogenannt/-e
Tab.	=	Tabelle
u.a.	=	unter anderem
verl.	=	verlängerbar
Versch.	=	Verschiedene/er
z. B.	=	zum Beispiel

1. Einleitung – Motivation

Erneuerbare Energien sind ein sehr aktuelles Thema. Begriffe wie Solarkraftwerk, Photovoltaik, Solarstrom oder Solarakku gewinnen großes Interesse, wenn in den Medien darüber berichtet wird. Dabei gehört die Photovoltaik zu den stetig wachsenden, aber noch nicht ausgeschöpften Bereichen des Industriezweigs für erneuerbaren Energien.

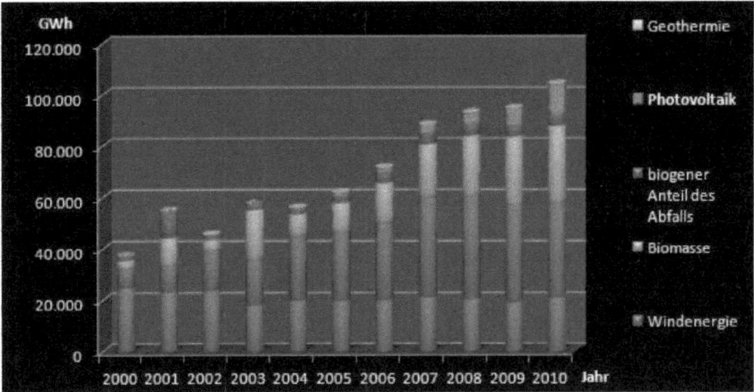

Abbildung 1: Anteile der erneuerbaren Energien am Gesamtvolumen
Quelle: erneuerbare-energien.de (2011a), S. 9.

Sinkende Preise (siehe Abb. 4) verbunden mit dem stetig wachsenden Markt sind für diese Ausarbeitung deshalb ein Hauptgrund. Am Ende dieser Ausarbeitung sollen folgende Fragen beantwortet werden können:

> **Wie viel Fläche wird für welche Leistung benötigt?**
> **Wie hoch kann eine Rendite ausfallen?**
> **Welche Kosten müssen berücksichtigt werden?**
> **Welche Finanzierungsmöglichkeiten gibt es?**

Wann und ob es sich für einen Haushalt lohnt, eine eigene Anlage auf dem Dach zu haben, kann meistens erst nach einem Gespräch mit einem örtlich ansässigen Händler beantwortet werden. Der Händler sollte in der Lage sein, Informationen engagiert und gut verständlich zu erklären, dabei sollte sich vorab über die Kosten informiert werden. Welche genauen Möglichkeiten es gibt und was beachtet werden sollte, wird in dieser Ausarbeitung genauer erläutert.

Auf immer mehr Dächern können heutzutage Photovoltaik-Anlagen ausgemacht werden. Welchem Zweck diese Anlagen dienen, ist aber im ersten Moment nicht erkennbar, denn die Installation kann entweder zur Warmwasserbereitung oder zur Stromerzeugung dienen.

Diese Bachelorarbeit wird sich aber hauptsächlich nicht mit der Zweckbestimmung beschäftigen, sondern sich auf die Installation von PV Modulen beschränken, notwendige verschiedene Komponenten beschreiben sowie eine Auswertung vornehmen, die es ermöglichen soll, nach den richtigen und wichtigsten Kriterien eine Komponente auszuwählen. Komponenten wären z. B.:[1]

- Solarmodul
- Wechselrichter
- Zähler
- Kabel und Stecker
- Unterkonstruktion/Befestigungssysteme

Diese Ausarbeitung soll für Verständnis und Grundwissen über die Komponenten sorgen. Auch Vergleichsmöglichkeiten und mögliche Kriterien werden genannt.

[1]Vgl. Saß, 2008, S. 53.

2.1. Geschichte, Beschreibung und Funktion von PV-Modulen

Die Photovoltaik gewann, wie in der Grafik ersichtlich, um 1990 erste Bekanntheit und verzeichnete in Deutschland dank technischen Fortschritts stetige Zuwächse.

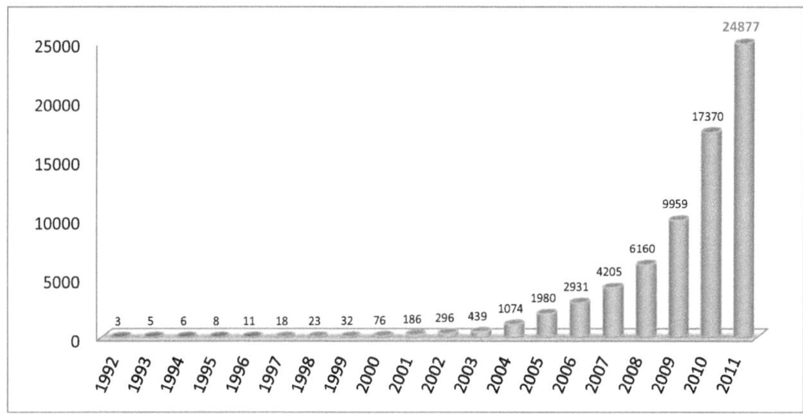

Abbildung 2: Zuwächse der in Deutschland installierter Leistung
Quelle: iea-pvps.org

Alleine 2010 und 2011 gab es in Deutschland einen Zuwachs von 74 % bzw. 43 % der neuen Installationen von PV Anlagen. Insgesamt ergab sich 2011 eine kumulierte Leistung von 24877 MW.

Die Erfolgsgeschichte begann zwar erst in den 1990er Jahren, dabei reicht der geschichtliche Hintergrund weiter, exakt bis zum Jahre 1876. Durch Experimente und verschiedenen Messungen mit dem chemischen Element Selen wurde festgestellt:

„Licht verursacht einen Elektrizitätsfluss in einem festen Körper"[2]

Dieses neu entdeckte Phänomen wurde „photoelektrisch" genannt. Im Jahre 1885 erklärte Werner von Siemens, dass Module durch den Zusammenschluss mehrerer Selenplatten „uns zum ersten Mal die direkte Wandlung von Licht in elektrische Energie" zeigen.[3]

---

[2] Vgl. Wagner, 2006, S. 1.
[3] Ebd. S. 2.

Innerhalb der darauffolgenden 30–40 Jahre ließ das Interesse an dem photoelektrischen Problem aber generell nach, da zum einen nur ein sehr geringer Wirkungsgrad „viel kleiner als 1 %" erreicht wurde, und zum anderen wurde zu diesem Zeitpunkt noch überhaupt nicht in Betracht gezogen, diese Erkenntnis zur Energiegewinnung zu nutzen.[4]

Der entscheidende Fortschritt gelang drei Forschern (Gerald Pearson, Darryl Chapin und Calvin Fuller) erst 1953, als sie erkannten, dass das Silizium zwar den gleichen Effekt hatte wie das chemische Element Selen, „aber eine viel stärkere Lichtausbeute besitzt."[5] An eine Markteinführung oder eine Verbreitung dieses Fortschrittes war zur damaligen Zeit aber immer noch nicht zu denken. Die Preise, der fehlende technische Fortschritt und der kleine Wirkungsgrad von 4–6 %[6] waren die wichtigsten Hindernisse für eine Markeinführung. Erst knapp 40 Jahre später, um 1990, war die Entwicklung so weit, dass erste Investitionen in PV Anlagen getätigt wurden. Die Preise lagen pro kWp bei etwa 15.000 €[7] und weisen sinkende Anschaffungskosten auf.

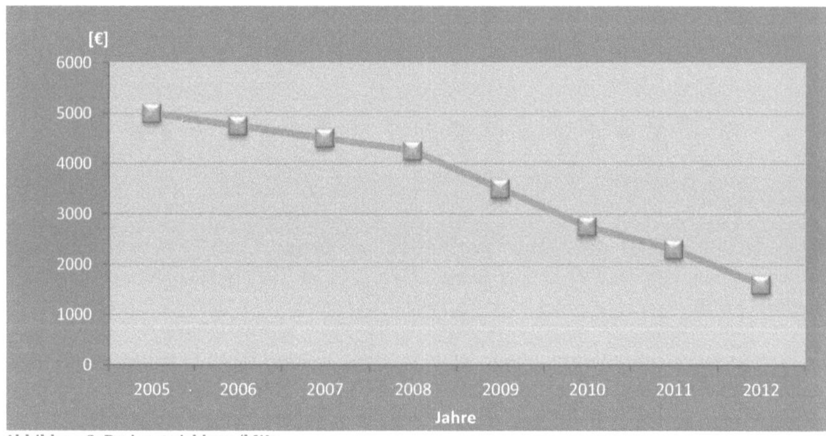

Abbildung 3: Preisentwicklung/kWp
Quelle: fraunhofer.de, S. 6.

[4] Vgl. Wagner, 2006, S. 2.
[5] Ebd. S. 3.
[6] Vgl. Wesselak, 2009, S. 122.
[7] Vgl. Solaranlagen-portal.com (2011)

2.2. **Beschreibung und technische Funktion**

In diesem Abschnitt soll nun die technische Vorgehensweise, die in einem Modul
stattfindet, näher erläutert werden. Hierzu gibt es einige sehr gute Erklärungen:

„Dem Photovoltaikprozess liegt der photovoltaische Effekt in Halbleitermaterialien
zugrunde. Halbleitermaterialien absorbieren einen Teil des auf die Zelle einfallenden
Lichts. Dadurch werden Elektronen freigesetzt, die den Fluss einer elektrischen Ladung
durch das Material ermöglichen. Photovoltaikzellen besitzen ein integriertes elektrisches
Feld, das die durch Lichtabsorption freigesetzten Elektronen in eine bestimmte Richtung
zwingt. Das Feld entsteht durch die so genannte Dotierung (die kontrollierte Einbringung
von Verunreinigungen) von Silizium mit Elementen wie Phosphor oder Bor, durch die N-
oder P-Bereiche entstehen. Legt man nun an die Ober- und Unterseite der
Photovoltaikzelle Metallkontakte an, kann der erzeugte elektrische Strom durch einen
externen Stromkreis geleitet und nutzbar gemacht werden."[8] Gut sichtbar ist das System
in folgender Darstellung:

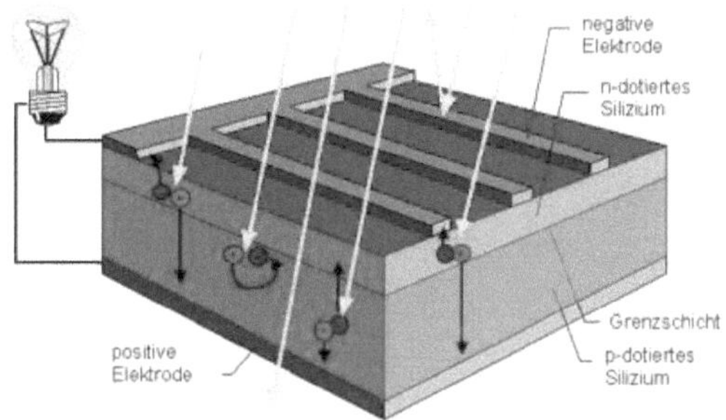

Abbildung 4: Vorgang innerhalb einer Solarzelle
Quelle: wingate.ch

Nur durch das „Wandern" der negativen Elektronen auf die eine und der positiven
Ladungsträger auf die andere Seite (vergleichbar mit einem Plus- und Minuspol wie bei
einer Batterie) wird Strom erzeugt. „Die Stromstärke ist allerdings proportional zur
Lichtstarke – je mehr Sonnenschein, desto mehr Solarstrom."[9] Mehr dazu folgt im Kapitel
über „Verschattung".

[8] Vgl. Roberts, 2009, S. 16.
[9] Vgl. Konrad 2008, S. 10.

Ein wichtiger Punkt dabei ist die produzierte Wärme der Module. Im Sommer kann sie bis zu 70 °C betragen, was sich stark auf den Wirkungsgrad auswirken kann, was beim Thema Temperaturkoeffizient noch näher beschrieben wird. Dieses Problem ist zwar lange bekannt, lässt sich jedoch nur schwer vermeiden. Denn es wird 75% des Sonnenlichtes von den Modulen absorbiert, als reflektiert werden kann, was zu einer Erwärmung führt. [10]

„Der Wirkungsgrad von kristallinen Silizium-Solarzellen ist höher, je kälter sie sind. Bei jedem Grad Temperaturerhöhung liefert die Solarzelle, etwa ein halbes Prozent weniger Strom. Wenn sich die Solarzelle also auf 60 °C erhitzt, erzielt sie eine 20 % geringere Stromausbeute als bei 20 °C. Bei der Planung eines Fassaden- oder Dachintegrationssystems ist es wichtig, ggf. die Modultemperatur zu berücksichtigen, die im Sommer entstehen könnte und für ausreichende Hinterlüftung der Module zu sorgen, so dass der größtmögliche Ertrag erzielt werden kann."[11]

Diese Erkenntnisse zeigen die Wichtigkeit einer optimalen Lüftung, um bei Großanlagen eine höhere Erwärmung und den damit verbundenen Leistungsverlust zu vermeiden.

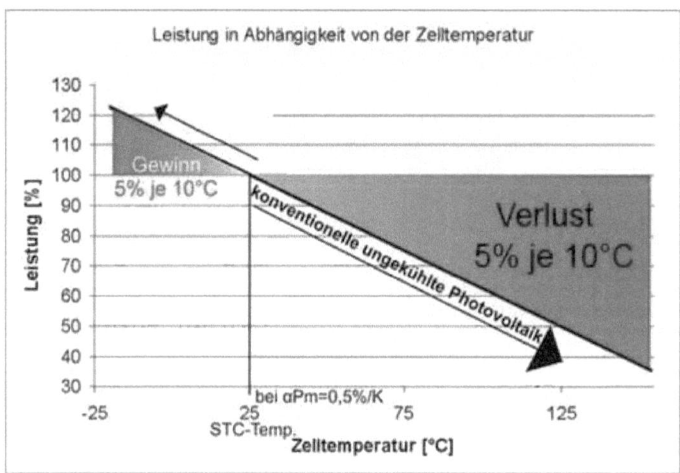

Abbildung 5: Temperatureigenschaften von Solarzellen
Quelle: www.pv-ertrag.com

[10] Vgl. Konrad, 2008, S. 67.
[11] Ebd. S. 17.

2.3. Modulstruktur/-formen

Allgemeines

Der Aufbau eines Solar- oder PV Moduls ist im unteren Bild ziemlich genau dargestellt.

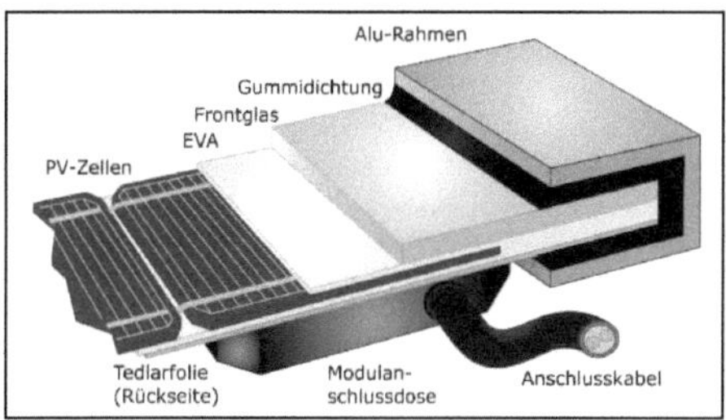

Abbildung 6: Aufbau eines PV Moduls
Quelle: Quaschning, 2010. S. 110.

„Da Solarzellen sehr empfindlich sind, leicht zerbrechen und durch Feuchtigkeit korrodieren, müssen sie geschützt werden. Hierzu bettet man die Solarzellen in einen speziellen Kunststoff zwischen einer Frontglasscheibe und einer Kunststofffolie auf der Rückseite ein. Einige Hersteller verwenden auch Glas für die Rückseite. Das Glas sorgt für die mechanische Stabilität und muss sehr lichtdurchlässig sein. Als Kunststoff zur Einbettung werden zwei dünne Folien aus Ethylenvinylacetat (EVA) verwendet. Bei Temperaturen von rund 100 Grad Celsius verbinden sie sich mit den Zellen und dem Glas. Dieser Vorgang heißt Laminieren. Das fertige Laminat schützt nun die Zellen vor weiteren Witterungseinflüssen, vor allem vor Feuchtigkeit."[12]

Solarzellen werden größtenteils aus Silizium hergestellt[13], je nach Herstellungsverfahren werden sie eingeteilt in:

> ➢ Monokristalline,
> ➢ Polykristalline und
> ➢ Amorphe (Dünnschicht) Solarzellen.

---

[12] Vgl. Quaschning, 2010, S. 110–111.
[13] Vgl. Kallmünzer, 2008, S. 38.

Die Unterschiede liegen in der Herstellung und den damit verbundenen Kosten. Daher können die verschiedenen Arten in unterschiedliche Preiskategorien eingeteilt werden. Einen kurzen Überblick gibt die Tabelle unterhalb (siehe Tab. 1).

	Monokristallin	Polykristallin	Dünnschicht	CIGS
Wirkungsgrad	13–17 %	11–15 %	5–8 %	13–15 %
Schwachlicht-verhalten	Einbußen bei schwachem Licht	Einbußen bei diffusem licht	Geringe Einbußen	Geringe Einbußen
Wärmeverhalten	Ertragsverluste bei höheren Temperaturen		Geringe Verluste	
Kosten (1–4 = teuer–günstiger)	2	3	4	1
Langzeittest	Sehr hohe Leistung, stabil, hohe Lebensdauer	Hohe Leistung, stabil, hohe Lebensdauer	Mittlere Leistung, geringere Lebensdauer	Geringe Leistung, im Winter aber höher, noch keine Langzeittests

Tabelle 1: Modulvergleich nach Bauart
Quelle: Solaranlagen-portal.com

„Derzeit werden rund 30 % aller Solarzellen aus monokristallinem Silizium hergestellt; rund 60 % aus polykristallinem Silizium (poly-Si). Aus amorphem Silizium bestehen rund 5 % der Solarzellen. Alle anderen Materialien wie Galliumarsenid und CIS-Materialien (Kupfer, Indium, Schwefel und Selen) decken die restlichen 5 % der Industrie-Solarzellen ab."[14]

Es gibt zwar noch andere Modularten[15], wie organische Solarzellen, Cadmium-Tellurid (Dünnschicht Technik), denen hier aber keine größere Beachtung geschenkt werden soll, denn mit den drei bzw. vier genannten Arten wird sich auf die wichtigsten beschränkt. Im Weiteren werden die verschiedenen Modularten genauer betrachtet.

Monokristalline PV Module

Aufgrund des sehr hohen Anteils an Silizium sind diese Module sehr effektiv, infolge des aufwändigen Herstellungsverfahrens aber teurer als andere Modularten. Die Lebensdauer beträgt etwa 30 Jahre[16], Garantien und weitere Vergleichsmöglichkeiten werden im Anschluss dargestellt.

[14] Vgl. Wagemann/Eschrich, 2007, S. 63.
[15] Vgl. Anthony et al., 2005, S.124.
[16] Vgl. Konrad, 2008, S. 12.

Polykristalline PV Module

Abbildung 7: Polykristallines Modul
Quelle: Energieroute.de

Diese Modulart ist an der bläulichen Färbung erkennbar. Durch den geringeren Siliziumgehalt als bei Monokristallinen Modulen lässt sich der geringere Wirkungsgrad erklären.[17]

Amorphe Solarzellen

Abbildung 8: Amorphes PV Modul
Quelle: energieroute.de

Amorphe Solarzellen werden auch Dünnschichtsolarzellen genannt. Sie unterscheiden sich von den kristallinen Modulen durch den Herstellungsprozess, dem daraus resultierenden geringeren Wirkungsgrad und dem Preis. „Als Basis für Dünnschichtsolarzellen dient ein Träger, der in den meisten Fällen aus Glas besteht."[18]

Amorphes Silizium weist ein hohes Absorptionsvermögen auf, Siliziumschichten werden auf den Träger (Glas-, Metall- oder Plastikfolien)[19] aufgedampft, oder aufgesprüht[20]. Der Vorteil dieser Module ist das sie bei Diffusem Licht einen höhere Leistung aufweisen als Kristalline Module.[21]

Ein weiterer Vorteil ist das der Leistungsverlust, bei steigender Modultemperatur, nicht so hoch ist wie bei den kristallinen Solarmodulen. „Amorphsilizium-Dünnschichtzellen können selbst unter schwachen licht Bedingungen in den frühen Morgen- und Abendstunden sowie an bewölkten Tagen Energie erzeugen."[22]

---

[17] Vgl. Kramer, 2010, S. 575.
[18] Vgl. Quaschning, 2010, S 111.
[19] Vgl. Kramer, 2010, S. 575.
[20] Vgl. Quaschning, 2010, S 111.
[21] Vgl. duennschicht-solarmodule.com.
[22] Vgl. Geitmann, 2010. S. 67.

CIGS

Die Buchstaben CIGS stehen für die elementaren Bestandteile Kupfer, Indium, Gallium, Schwefel und Selen. In Tests wurde festgestellt, dass diese Module im Winter einen höheren Wirkungsgrad als Mono- und Polykristalline Module erzielen. Da es diese Modulart erst seit 2009 gibt, konnten noch keine Langzeitstudien durchgeführt werden.[23]

2.4. <u>Statistiken</u>

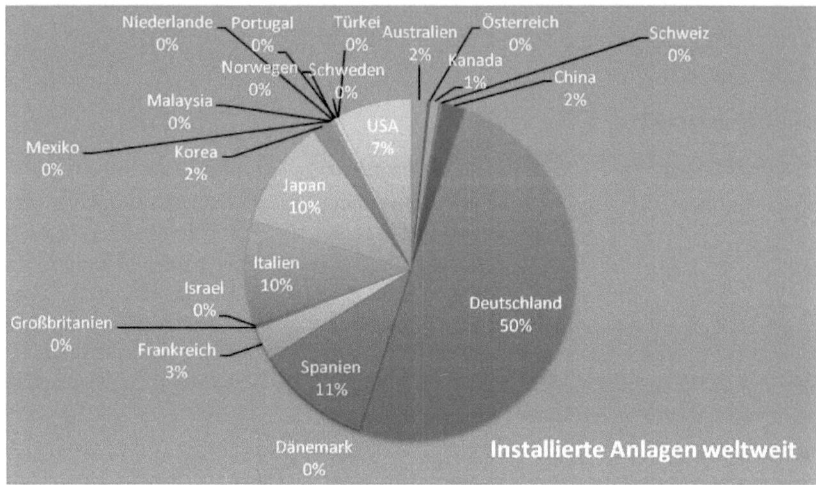

Abbildung 9: Anteile der Länder an installierter PV Leistung
Quelle: iea-pvps.org

Werden die Anlagenleistung der in Deutschland installierten PV Anlagen betrachtet, zeigt die Tabelle unterhalb, dass von den Weltweit installierten Anlagen Deutschland alleine mit 34953MW 50% installiert hat.

[23] Vgl. solaranlagen-portal.com, (2011a).

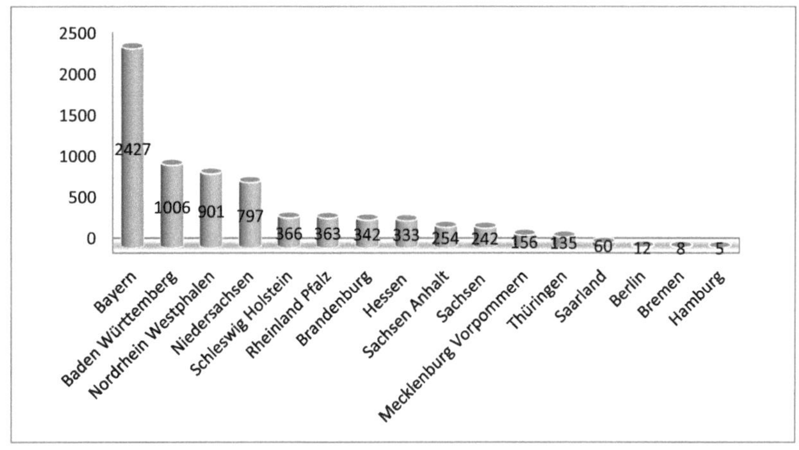

Abbildung 10: Installierte Anlagen auf Bundesebene (2010)
Quelle: Bundesagentur.de (2011d)

Ein Vergleich der in Deutschland (2010) gemeldeten, installierten PV Anlagen zeigt, dass im Süden die meisten gemeldeten PV Anlagen existieren. Dort lassen sich höhere Erträge durch die höhere Anzahl der Sonnenstunden erzielen, wie aus der Abb. 11 hervorgeht. Die Grafik zeigt eine Übersicht, der vom Deutschen Wetterdienst (DWD) gemessenen kWh / m² in Deutschland (2010).

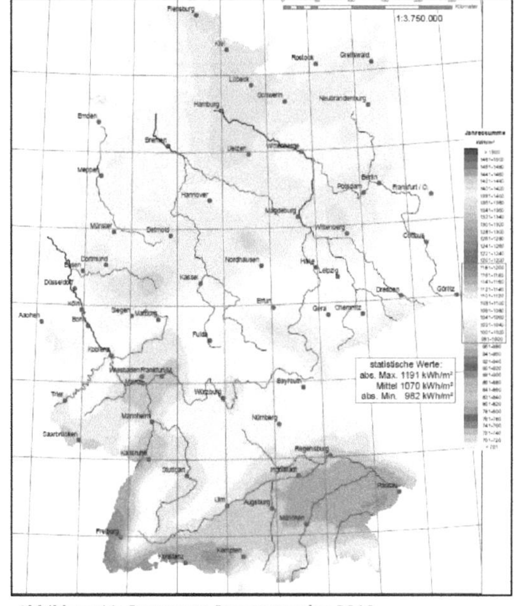

Abbildung 11: Gemessene Sonnenstunden 2010
Quelle: dwd.de

2.5. Vor-/ Nachteile von PV Anlagen

Vorteile	Nachteile
CO$_2$ Ausstoß wird reduziert und es wird zur Reduzierung der Schadstoffbelastung beigetragen.	Jährlicher Leistungsabfall der PV-Anlage.
Garantierte Einspeisevergütung über 20 Jahre.	
Hohe Leistungsgarantien werden von den Herstellern gegeben.	
Robustes System, welches verschleißfrei und wartungsarm arbeitet.	
Mit einer Anlagenüberwachungssoftware durch den Betreiber sehr gut und jederzeit überschaubar.	
Installation einer Photovoltaikanlage wirkt sich wertsteigernd auf ein Gebäude aus.	
Korrosionsbeständige Komponenten, gegen verschiedene Witterungen.	
Solarzellen, Glasoberfläche, Aluminiumrahmen und Verbindungskomponenten sind wiederverwertbar.	
Sonnenlicht ist unerschöpflich und kostenlos.	
Stromerzeugung ist lärm- und emissionsfrei.	
UV-Strahlung oder extrem schlechtes Wetter beständig.	

Tabelle 2: Vor-/ Nachteile von PV Anlagen
Quellen: energiesparhaus-ratgeber.de, energiewelt.de, Anthony, Falk, 2005. S.19/20.

Ein Modulvergleich aus 16000 Modulen (Photovoltaikforum.com), die im Bestand des Forums sind, ist schwierig. Ein kleiner Überblick (Tab. 3) zeigt aber Unterschiede, die beim Erwerb beachtet werden sollten.

2.6. Hersteller- und Lieferantenvergleich (vom 25.12.2011)

Hersteller Typ/Bezeichnung	Modulart	Nennleistung [Wp]	Gewicht [kg]	Modulmaße [mm]	Modulfläche / qm²	Temperaturkoeffizient [% / K]	Wirkungsgrad [%]	Quellen
Galaxy Energy GS 240m	Monokristallin	240	20	1640 x 990 x 50	1,62	-0,48	14,8	Mission.solar.eu
Solar-Fabrik Premium S	Monokristallin	130	10,5 - 12,5	1491 x 669 x 35	1	-0,47	13	Solar-fabrik.de (2011)
Solar-Fabrik Premium S	Poly	140	10,5 – 12,5	1491 x 669 x 32	1	-0,47	13,6	Solar-fabrik.de (2011a)
Heckert NeMo P 200	Poly	200	17	1484 x 994 x 38	1,48	-0,45	13,6	Heckertsolar.com
Heckert NeMo P 215	poly	215	17	1484 x 994 x 38	1,48	-0,45	14,2	Energiederzukunft.net
Bosch c-Si M195 3BB	mono	195	16	1343 x 988 x 40	1,33	-0,34	k. A.	Photovoltaik-shop.com (2011)
Bosch c-Si M240 3BB	mono	240	21	1662 x 992 x 42	1,65	-0,47	14,8	Photovoltaik-shop.com (2011a)
SunTech STP 245S-20	Mono	245	19,8	1665 x 991 x 50	1,65	-0,45	14,8	Elektro-lingscheidt.de
SunTech STP 280-24/Vd	poly	280	27	1956 x 992 x 50	1,94	-0,47	14,4	Photovoltaic-shop.com (2011b)
Visel Placas S.L.	Poly (VS230P-60)	230	19,5	1650 x 992 x 50	1,64	-0,44	14,6	Photovoltaikanlage.biz
Isofoton ISF-250	Mono	250	19	1667 x 994 x 45	1,66	-0,46	15,1	Isofoton.com

Tabelle 3: Modulvergleich

Es bleibt nur zu berücksichtigen, welche Fläche zur Verfügung steht, um eine bessere Auswahl der Module zu treffen. Die Komponenten aus dem Internet nach einem Preisvergleich zu erwerben, hat sowohl Vor- als auch Nachteile. Montagegestelle, die erworben wurden und dann nicht passen, würden zu einem unnötigen Mehraufwand führen. Dennoch lohnt es sich, einige Preise im Internet zu vergleichen, bevor sich mit einem örtlichen Händler geeinigt wird. Durch günstigere Angebote im Internet können eventuell Rabatte ausgehandelt werden.

Über eine Moduldatenbank im Photovoltaikforum.com, können Module nach verschiedenen Kriterien gesucht werden. Dabei können auch Kriterien wie Garantie oder deutsche Hersteller, wie Antaris Solar, Jurawatt GmbH, Scheuten Solar oder Solar Fabrik AG, zugrunde gelegt werden, die eine Produktgarantie von 12 Jahren gewähren. Bei den Modulen variieren auch die Garantien, die Produktgarantie liegt in der Regel zwischen 5 und 12 Jahren.

Im Rahmen der angestellten Recherche wurden zwei Datenbanken gefunden, in denen nach unterschiedlichen Kriterien gesucht werden konnte:

> http://www.photovoltaikforum.com
> http://www.photovoltaik-web.de

Die Moduldatenbank im Photovoltaikforum enthält über 16.000 verschiedene Module im Bestand. Wurden Module in der Datenbank gefunden, die mit den eigenen Wünschen übereinstimmen, könnte über örtlich ansässige Händler Preisanfragen beim Hersteller vorgenommen werden.

Bei Interesse an einer Anlage wäre es von Vorteil, sich Angebote von mehreren Händlern, die unabhängig voneinander arbeiten, einzuholen. Es wird dabei dem Risiko aus dem Weg gegangen, bei nur einem gefragten Händler, zu viel zu bezahlen.

2.7. Online PV Handelsportale

Es gibt verschiedene Handelsportale für PV Anlagen im Internet:

> www.solar-discount.net
> www.photovoltaik-shop.com
> www.solarshop.net
> www.pv-ag-shop.de
> www.fotovoltaikshop.net
> www.solarmarkt.com
> www.photovoltaikanlage.biz

Module lassen sich aber auch bei Ebay finden. Bei allen Käufen ist es notwendig, auf Zertifikate zu achten. Die Echtheit der Zertifikate können auf der Homepage der ausstellenden Institution, z. B. TÜV Rheinland, überprüft werden. Nach einer Überprüfung

des TÜVs wird das individuelle Prüfzeichen (Abb. 12) vergeben. Über www.tuv.com und www.tuvdotcom.com ist es möglich, durch die firmenbezogen vergebene ID zu prüfen, welche Module des Herstellers zertifiziert wurden.[25]

Abbildung 12: „TUVdotCOM" Zeichen des TÜVs   Quelle: tuv.com

2.8. Hersteller und Lieferanten (Leistungsübersicht)

Auf der nächsten Seite folgt eine tabellarische Auflistung von verschiedenen Herstellern. Dabei handelt es sich um eine kurze Übersicht für bestimmte Module. Wenn sich eine Person für den Erwerb bestimmter Module entscheidet, sollte ein Vergleich dieser Art gemacht werden.

[25] Vgl. tuv.com (2011a), S. 7.

Hersteller	Produkttyp	Produktgarantie	Leistungsgarantie
Bosch Solar	c-SI Module	10 Jahre	2-sufige Leistungsgarantie, 10 Jahre mind. 90 % der Minimalleistung, 25 Jahre mind. 80% der Minimalleistung
Hyundai	HIS Module	10 Jahre	2-sufige Leistungsgarantie, 10 Jahre mind. 90 % der Minimalleistung, 25 Jahre mind. 80% der Minimalleistung
LG Solar	LGxxx Module	10 Jahre	2-sufige Leistungsgarantie, 12 Jahre mind. 90 % der Minimalleistung, 25 Jahre mind. 80% der Minimalleistung
REC	PE Module	10 Jahre	Lineare Leistungsgarantie, 25 Jahre, max. 0,7% jährliche Absenkung der Minimalleistung, beginnend bei 97 % im 1. Jahr bis 82,5 % im 30.
Sanyo Solar	HIT Nxxx SE10 Module	10 Jahre	2-stufige Leistungsgarantie, 10 Jahre min. 90 % der Minimalleistung, 25 Jahre min. 80 % der Minimalleistung
	HIT Hxxx E01 Module		
Schott Solar	PROTECT™ Module	10 Jahre	Lineare Leistungsgarantie, 30 Jahre, max. 0,5 % jährliche Absenkung der Minimalleistung beginnend bei 97 % im 1. Jahr bis 82,5 % im 30.
	PERFORM™ Module		lineare Leistungsgarantie, 25 Jahre, max. 0,7 % jährliche Absenkung der Minimalleistung, beginnend bei 97 % im 1. Jahr bis 80,2 % im 25. Jahr
Jurawatt GmbH	JWP-195	12 Jahre	10 Jahre 90 %, 30 Jahre 80 %
Antaris Solar GmbH	AS P210	12 Jahre	10 Jahre 90 %, 30 Jahre 80 %
Schüco	MPE 380 AL 01	12 Jahre	12 Jahre 90 %, 25 Jahre 80 %
Solarfabrik AG	Premium XM mono black 200	12 Jahre	10 Jahre 90 %. 25 Jahre 80 %

Abbildung 13: Herstellervergleich Solarmodule
Quelle: Wagner-Solar.com

2.9. Kennwerte der Solarmodule

Datenblätter sind genormt[26] und müssen nach der Norm DIN EN 50380 bestimmte Daten enthalten.

---

[26]Vgl. Wagner, 2009. S. 176.

Die Kennwerte werden hier kurz genannt und deren Bedeutung anhand eines Beispiel Diagramms erläutert:[27]

> ➢ Nennleistung P (mit Angabe der Leistungstoleranz)
> ➢ MPP Spannung U
> ➢ MPP Strom I
> ➢ Leerlaufspannung U
> ➢ Kurzschlussstrom ISC
> ➢ Temperaturkoeffizient

Leistungsmessungen werden bei „Standardtestbedingungen" (Standard Test Conditions) durchgeführt. Es wird ein Sonnensimulator eingesetzt (Einstrahlungsleistung 1000 W/m², 1,5 AM [Luftmasse] bei einer Zellentemperatur von 25 °C).[28] Außer den Kennwerten ist in manchen Datenblättern auch eine Strom-Spannungskennlinie zu finden.

Elektrische Daten	215		
Nennleistung (Pmax) [W]	215		
Spannung, max. (Vpm) [V]	42,0		
Stromstärke, max. (Ipm) [A]	5,13		
Leerlaufspannung (Voc) [V]	51,6		
Kurzschlussstrom (Isc) [A]	5,61		
Garantierte Mindestleistung (Pmin) [W]	204,3		
Überstromschutz, max. [A]	15		
Leistungstoleranz [%]	+ 10 / -5		
Systemspannung [Vdc]	1000		
Temperaturkoeffizient von Pmax [%/°C]	-0,30		
Voc [V/°C]	-0,129	-0,127	-0,126
Isc [mA/°C]	1,68	1,67	1,66

Hinweis 1: Standardbedingungen: Luftmasse 1,5; Einstrahlung = 1000 W/m², Zelltemperatur = 25 °C.
Hinweis 2: Bei den vorstehenden genannten Werten handelt es sich um Nennwerte.

Abbildung 14: Bsp. Kennwerte aus Datenblatt (Sanyo HIP-215NKHE)

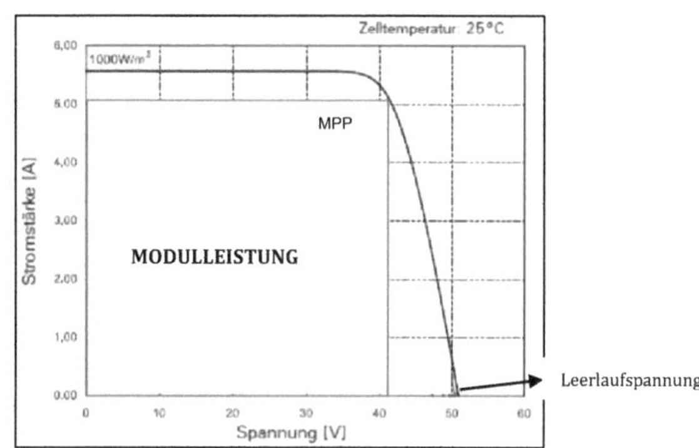

Abbildung 15: versch. Bereiche innerhalb des Diagramms

[27] Vgl. Anthony et al., S. 138.
[28] Vgl. Photon.info

Aus dem Strom-Spannungsdiagramm (Abb. 15) wird mit der Berechnung 42 V x 5,13 A das Ergebnis 215 W erhalten. Die maximale Leistung des Moduls geht aus dem Rechteck hervor, MPP an der oberen rechten Ecke ist dabei der „Maximum Power Point" (MPP).[29]

Der Verlauf der Linie innerhalb des Diagramms zeigt, dass bei der maximalen Stromstärke (Kurzschluss-Strom bei 5,61 A) eine Leerlaufspannung von 51,6 V existiert, solange die Modulfläche unter STC Bedingungen gesetzt wird. Der Kurzschluss selber ist für das Modul nicht schädlich, jedoch gibt das Modul die Leerlaufspannung ab, im Fall dass kein Verbraucher angeschlossen ist und das Modul mit Sonnenlicht bestrahlt wird.[30]

Der Temperaturkoeffizient sagt aus, welcher Leistungsverlust oder Leistungsmehrertrag je nach Modulerwärmung bzw. Temperaturminderung auftritt. Kristalline Solarzellen weisen einen „empfindlicheren" Ertragsverlust als Dünnschicht Solarzellen auf. Die im Datenblatt aufgeführten Daten ergeben sich aus Tests, die unter STC Bedingungen stattgefunden haben[31]. Bei diesem Beispielmodul von Sanyo (Temperaturkoeffizient 3 %/°C), würde dies bedeuten, dass bei einer Temperatur von 35 °C mit einem Leistungsverlust von 3 % zu rechnen ist.

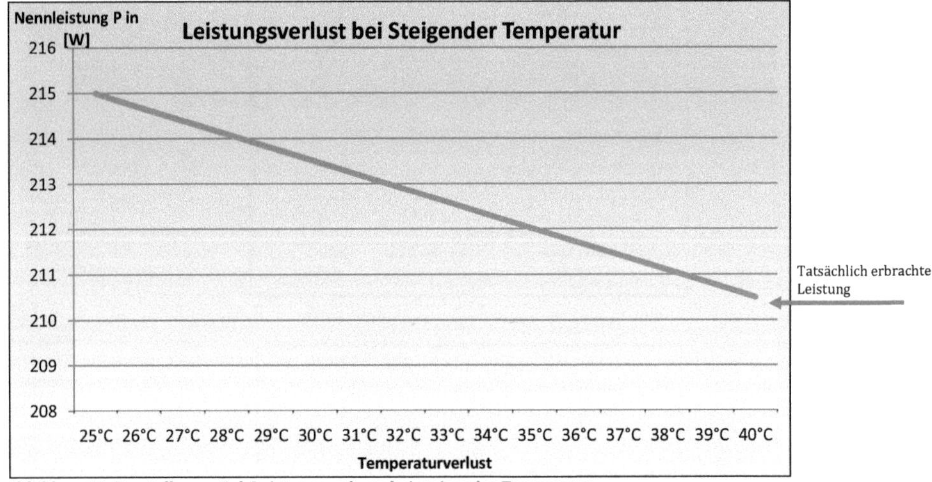

Abbildung 16: Darstellung mögl. Leistungsverluste bei steigender Temperatur

Je höher die Wärme, umso höher wird der Ertragsverlust. In sehr warmen Regionen, wie in südeuropäischen Ländern, ist deshalb standortbezogen auf ausreichende Kühlung durch Wind zu achten.[32]

[29]Vgl. Quaschning, 2008, S. 107.
[30] Ebd. S. 106.
[31]Vgl. Schmitt et al., 2006, S. 212.
[32] Vgl. Anthony et al., 2005, S. 128.

Ein vom TEC-Institut durchgeführter Test zeigt, in welchem Maß Leistung ab bestimmten Temperaturen sinkt.

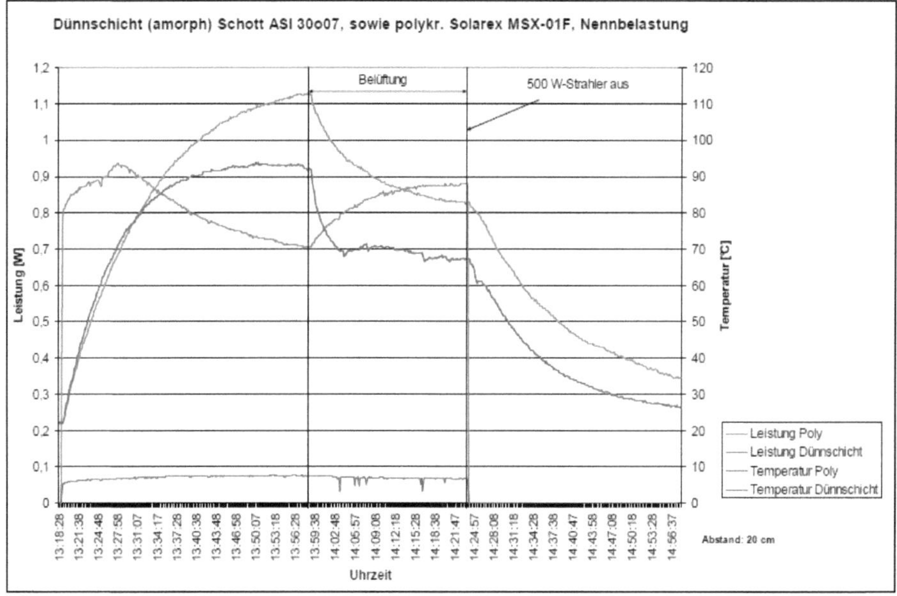

Abbildung 17: Leistungsverhalten versch. Modulzell-Arten
Quelle: tec-institut.de (2011a)

2.10. <u>Modulauswertung</u>

Folgende Punkte sollten bei einer Anschaffung unbedingt beachtet werden:

- ➢ Langjährige Produktgarantie sollte vorhanden sein
- ➢ Referenzen/Hersteller überprüfen
- ➢ Auf IEC Zertifizierung achten
- ➢ Die Echtheit des Zertifikates überprüfen
- ➢ Preise vergleichen (z. B. Ebay, Google Shopping, versch. Örtliche Händler)
- ➢ Bei Internetkauf zusätzlich anfallende Versandkosten berücksichtigen
- ➢ Unbedingt darauf achten, ob der Preis schon die Umsatzsteuer beinhaltet (Preise werden oft netto angegeben.)
- ➢ Angebote versch. Händler einholen

3.1. <u>Prüfverfahren und Zertifikate</u>

Bevor neue Serien eines Herstellers auf dem Markt erworben werden können, müssen einige Hürden überwunden werden. Zugelassene und getestete Modulreihen weisen das IEC Prüfzeichen aus. Die wichtigsten vom TÜV ausgestellten IEC Zertifikate sind IEC 61215/61646 und IEC 61730.

Die IEC (International Elektrotechnical Comission) ist eine Organisation, die weltweit einheitliche Standards festlegt, unter anderem unter welchen Bedingungen elektrische Produkte zugelassen werden.[33]

Zertifiziert werden die Module, nachdem sie einige Tests (siehe Tab. 4) durchlaufen haben. Dünnschichtmodule werden nur nach IEC 61646 getestet.

Nach den Bestimmungen des TÜVs werden die Zertifizierungsnummern nach einer erfolgreichen Überprüfung eines Moduls, nach bestandenem Test, vergeben. Module, die sich mit IEC 61215 und IEC 61730 verifizieren, müssen „gleiche Komponenten und Materialien" enthalten wie das geprüfte Modul.[34]

Tabelle 4 bietet eine Übersicht über die Tests, die an den Modulen durchgeführt werden.

---

[33] Vgl. iec.ch
[34] Vgl. tuv.com (2011a), S. 7.

IEC 61215/IEC 61646	ICE 61730
Sichtprüfung	Sichtprüfung
Bestimmung der maximalen Leistung	Berührungsprüfung
Prüfung der Isolationsfestigkeit	Kratz Prüfung
Messung der Temperaturkoeffizienten	Erfindung-Kontinuitätstests
Bestimmung der NOCT (Normal Operation Cell Temperature)	Stoßspannungstest
Leistung bei NOCT und STC	Teilentladungstest
Leistung bei geringer Bestrahlungsstärke	Prüfung der Isolationsfestigkeit
Dauertest unter Freilandbedingungen	Stromprüfung unter Benässung
Hot-Spot Dauerprüfungen	Temperatur-Test
UV-Voralterungstest	Hot-Spot Test
UV-Prüfung	Feuertest
Temperaturwechselprüfung	Bypass-Dioden-Test
Luftfeuchte/Frost Prüfung	Rückstromprüfung
Feuchte/Wärme Prüfung	Modulbruchprüfung
Festigkeitsprüfung der Anschlüsse	Kabelverrohrungs-Biegeprüfung
Kriechstromprüfung unter Benässung	Festigkeitsprüfung der Anschlüsse
Mechanische Belastbarkeit	Anschlussdosen Ausschlagprüfung
Hageltest	Temperaturwechselprüfung
Bypass-Dioden-Test	Luftfeuchte/Frost Prüfung
Lichtalterung	Feuchte/Wärme Prüfung
	UV Bestrahlungstest

Tabelle 4: Tests, denen Module unterzogen werden
Quelle: tuv.com (2011c), tuv.com (2011a)

3.2. CE Kennzeichnung

CE (frz. Communautés Européenes)[35] ist die Abkürzung für „Europäische Gemeinschaften". Die CE Kennzeichnung auf einem Produkt zeigt, dass es den EU Anforderungen, die dem Hersteller auferlegt wurden, entspricht.[36]

„Mit der CE-Kennzeichnung weist der Hersteller aus, dass er die grundlegenden Sicherheits- und Gesundheitsanforderungen aller relevanten EU-Richtlinien (z. B. Maschinenrichtlinie) eingehalten und die vorgeschriebene Konformitätsbewertung durchgeführt hat."[37]

Der Weg zur CE Kennung beinhaltet folgend aufgeführte Schritte:

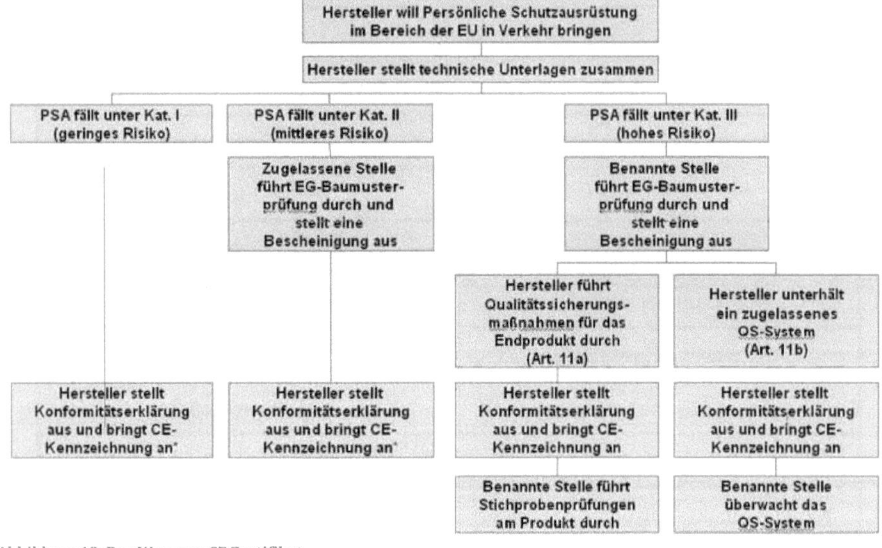

Abbildung 18: Der Weg zum CE Zertifikat.
Quelle: dguv.de

3.3. OEM Zertifikat

Durch das OEM Zertifikat ermächtigt der „Hauptzertifikatinhaber" eine zweite Firma, das PV Modul unter eigenem Firmennamen zu vertreiben. „Das Zertifikat weist immer den Hersteller als Originallizenzinhaber aus, Zertifikatsrecht liegt beim Hauptzertifikatinhaber."[38]

[35] Vgl. iftue.de.
[36] Vgl. din.de.
[37] Vgl. iftue.de.
[38] Vgl. Tuv.com (2011), S. 20.

4.1. <u>Allgemeines zu Ausrichtungen und Dachneigungen</u>

Bei der Planung eine PV Anlage kommt es zunächst darauf an, welche Art von Dach und welche Fläche zur Verfügung stehen, um überhaupt Berechnungen anzustellen.

Ob Flachdach oder Schrägdach, entscheidend sind am Ende die Neigung und die Ausrichtung, der die Module ausgesetzt sind. Eine weitere Rolle spielt die Globalstrahlung. Die Globalstrahlung setzt sich aus direkter Sonnenstrahlung und Diffusstrahlung zusammen.[39] Die globale Sonnenstrahlung ist in Deutschland nicht überall gleich, Durchschnittswerte helfen hier aber dennoch, um einen ungefähren Jahresertrag zu berechnen (siehe Abb. 11).

Die Diffusstrahlung ist diejenige, die durch Wolken fällt und abgeschwächt wird. Selbst dieses abgeschwächte Licht leistet noch einen kleinen Beitrag zur Solarstromerzeugung.[40]

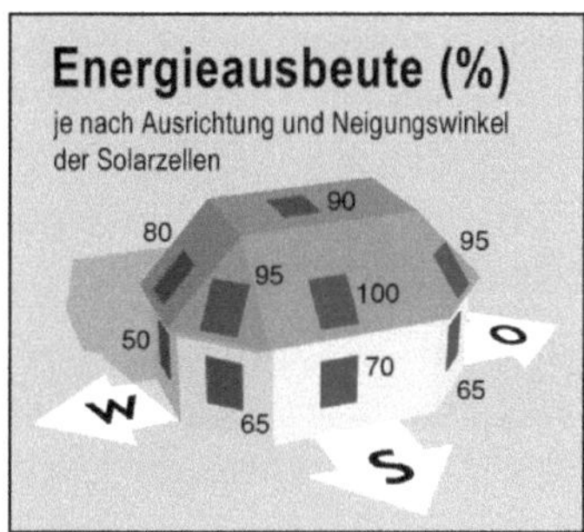

Abbildung 19: Optimale Ausrichtungen
Quelle: energiesparen-im-haushalt.de

Um optimale Energieerträge zu erhalten, muss man wissen dass die Sonneneinstrahlung in Abhängigkeit von Himmelrichtung und dem Neigungswinkel ist. Optimalste Erträge werden erhalten, wenn die Solarfläche 30 ° zur Horizontalen nach Süden gerichtet ist.[41]

---

[39]Vgl. Konstantin, 2009. S. 303.
[40] Vgl. Roberts, 2009. S. 33.
[41] Vgl. Konrad, 2008. S. 7.

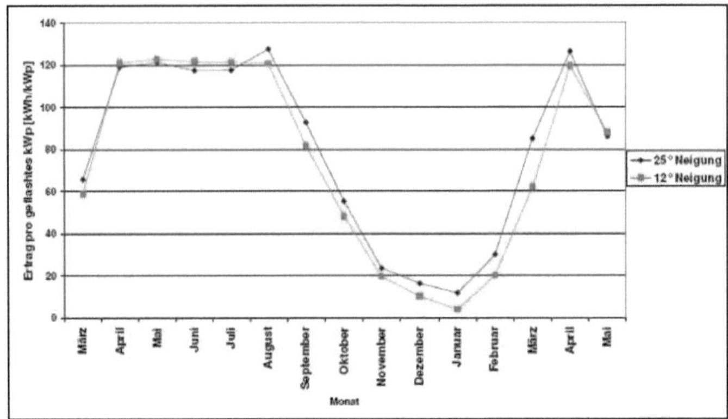

Abbildung 20: Ertragsdiagramm, versch. geneigter Module.
Quelle: Tec-Institut.de (2011)

Die Wichtigkeit des Neigungswinkels (siehe Abb. 20) geht aus einem Test vom TEC-Institut für technische Innovation hervor. Durch einen geringeren Neigungswinkel wurde z. B. im März ein Ertragsverlust von über 20 % festgestellt. Insgesamt auf ein Jahr bezogen hatten die Module mit der 12 ° Neigung eine Ertragsminderung von 5,3 %.[42]

4.2. Statische Kriterien und Prüfungen

Im Rahmen einer statischen Überprüfung sollte sichergestellt werden, dass an dem Dach in den darauffolgen 20 Jahren keine Änderungen oder Reparaturen durchzuführen, geschweige denn zu erwarten sind. Alterserscheinungen wie z.B. Risse in den Wänden im Bereich des Daches oder im Giebelbereich sollten auf jeden Fall ein Grund sein, einen Statiker oder einen Bauingenieur zu beauftragen, das Dach genauer zu untersuchen.

Es besteht die Möglichkeit, in den Bauplänen des Gebäudes nachzuschauen, ob es statische Angaben zur Dachfläche gibt. Je nach Auswahl der Module muss mit zwischen 15 kg und 25 kg/m² gerechnet werden. Bleiben Fragen bezüglich der Statik offen, wird in der Regel ein Statiker hinzugezogen. Die Kosten für den Statiker sollten vorher abgesprochen bzw. ausgehandelt werden.[43]

[42]Vgl. Tec-Institut.de (2011)
[43] Vgl. Stempel, 2007, S. 28–29.

4.3. Verschattungen

Verschattungen können, bei Vernachlässigung zu hohen, nicht kalkulierten Mindererträge führen. Bei der Begutachtung eines Daches bezüglich der Verschattung ist es notwendig zu berücksichtigen, ob Bäume im Umfeld der zu installierenden Anlage stehen, die ausgewachsen sind oder noch wachsen werden, um Mindererträge zu vermeiden. Wird ein Schatten nicht berücksichtigt, zum Beispiel eines Schornsteins, muss kalkuliert werden, dass dieser Schatten mit der Sonne „wandert". Ein wesentlicher Vorteil ist, dass dieses Wandern genau vorhersehbar und berechenbar ist. Genaue Kenntnisse über die Auswirkung einer Verschattung lassen sich im Rahmen einer Verschattungsanalyse mithilfe von Simulationsprogrammen analysieren. Eine solche Analyse sollte nur von erfahrenen Fachleuten durchgeführt werden.
Um diese mit Kosten verbundene Analyse zu vermeiden, sollte generell ein Schatten verhindert werden.[44]

4.4. Problematik von Schatten

Tritt der Fall ein, dass einzelne Solarzellen von einem Schatten bedeckt werden, sollte bedacht werden, dass diese Situation zu Leistungseinbußen führt. Eine einzige Verschattung kann den gesamten Anlageertrag negativ beeinflussen.

Denn in dem Moment, wenn eine Zelle verschattet ist, kann durch sämtliche mit ihr verbundenen Zellen kein Strom mehr fließen. Es wird hier auch von dem „Gartenschlaucheffekt" gesprochen: Wird ein Schlauch in der Mitte geknickt, kommt am Ende weniger Wasser an. Der Strom, der jetzt angesammelt wird, kann nicht durchfließen und es kann zu einer Überhitzung kommen. Die Überhitzung kann dazu führen, dass die Zelle dauerhaft beschädigt wird, im Extremfall führt sie sogar zu einem Brand, auch Hot Spot genannt.[45]

Um diesen Gartenschlaucheffekt und den damit verbundenen „Hot Spot Effekt" zu vermeiden, ist es wichtig, darauf zu achten, dass Module mit „Bypass-Dioden" verwendet werden. Durch nur eine stark verschattete Fläche kann es sonst zu einer Erhitzung wie auf einer Kochplatte kommen. Die Dioden leiten den erzeugten Strom an der verschatteten Solarzelle vorbei und verhindern eine Stromansammlung, die sonst zur Schädigung des Moduls führen würde.[46]

[44] Vgl. Anthony, 2005, S. 207.
[45] Ebd. S. 208.
[46] Vgl. Hanus/Stempel, 2004, S. 49.

4.5. Flachdächer

Montagesysteme für Flachdächer gibt es in verschiedenen Variationen. Sie sind aufgrund ihrer einfachen Handhabung, innerhalb kurzer Zeit einsatzbereit. Der Erwerb des Montagesystems, kann beim örtlichen Händler zusammen mit den Modulen, gemacht werden. Diese Prozedur kann einen erhöhten bürokratischen Aufwand verhindern, wenn Module und Montagesysteme nicht zusammenpassen sollten. Für Privatpersonen ist es ohnehin sehr schwer, bei Großhändlern und Herstellern Preise zu bekommen. Je nach Wahl des Montagesystems beim Flachdach muss unter Umständen höheres Gewicht einkalkuliert werden. Eine positive Eigenschaft der Montagesysteme für Flachdächer ist, dass bei einigen Varianten der Neigungswinkel z. B. 18 °–40 ° einstellbar ist. Eine Tabelle mit einigen Kriterien kann eine Entscheidung vereinfachen.

Hersteller (Modell)	Produktgarantie	Bemerkung	Material	Quellen
Renusol	10 Jahre	Montagesysteme für Flach-, In-, und Ausdachanlage erhältlich.	Alu, Edelstahl, Aluminiumdruckguss und HDPE (S. 11)	renusol.com
Wagner (TRIC F)	k. A.		Aluminium	wagner-solar.com
Schletter (Alu Light)	10 Jahre		Aluminium/ Edelstahl	schletter.com
IBC Solar (Console 21 6 3)	k. A.		Kunststoff	Elektro-hille.de
Buschen (quickfix)	20 Jahre		Aluminium und Edelstahl	Buschen-stahl.de
Knubix	k. A.	Ohne Dachdurchdringung und geringfügige Auflast.	Aluminium + Edelstahl	Knubix.de
Wasi solar	10 Jahre	Für alle gängigen Freiland- und Dachkonstrultionen	Aluminium und Edelstahl	Wasi-solar.de
Scirocco	k. A.	Last wird durch Aerodynamische Luftströme	Aluminium + Edelstahl	Hbsolar.eu

Abbildung 21: Montagesystemevergleich

Abbildung 22: Bsp. für ein Flachdachmontagesystem
Quelle: buschen.com

20 Jahre Garantie sind ein Argument für die Produkte der Firma Buschen Stahl. Abb. 22 zeigt ein Beispiel, wie so ein Montagesystem eines Flachdaches aussehen könnte.

Gehwegsteine in regelmäßigen Abständen sorgen für den nötigen Ballast bzw. die richtige Fixierung, um auch bei extrem hohen Windstärken Stand zu halten. Eine zusätzliche Fixierung (Dachdurchdringung) an der Dachfläche ist bei diesem Montagesystem nicht notwendig. Ein einfacher Zusammenbau des Montagesystems ermöglicht einen schnellen Zusammenbau. Laut Hersteller ist mit drei Monteuren eine 50kWp Anlage in drei Stunden aufgebaut.[47]

Die Module werden an den Enden, also am Randbereich, mit Abschlussklemmen fixiert, die Bereiche zwischen den Modulen mit sogenannten Mittelklemmen (Abb. 23).

Abbildung 23: Einfache Befestigungsmöglichkeiten
Quelle: Buschen.com

Beispiele für Mittel- und Abschlussklemmen, mit denen die Module an der Unterkonstruktion befestigt werden, sind in Abb. 23 zu sehen.

Abbildung 24: Mittel- und Abschlussklemme
Quelle: Buschen.com

4.6. __Schrägdächer__

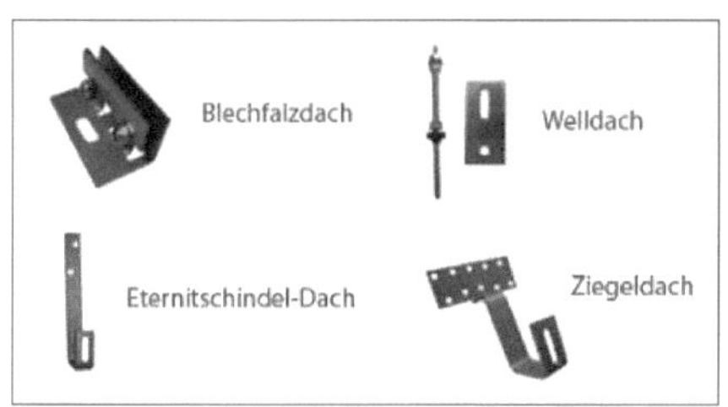

Abbildung 25: Versch. Dachhaken
Quelle: celsi-solar.ch

[47] Vgl. Buschen-Stahl.de

Befestigungen werden je nach Dachform kategorisiert. Den Dachhaken gibt es in verschiedenen Variationen, bei denen die Maße an bestimmten Punkten veränderbar sind.[48]

Abbildung 26: Bsp. Dachhaken-Anbringung
Quelle: celsi-solar.ch

Der Dachhaken wird ganz einfach an der Stelle, an der ein Ziegel entfernt wurde, am Dachsparren angeschraubt.

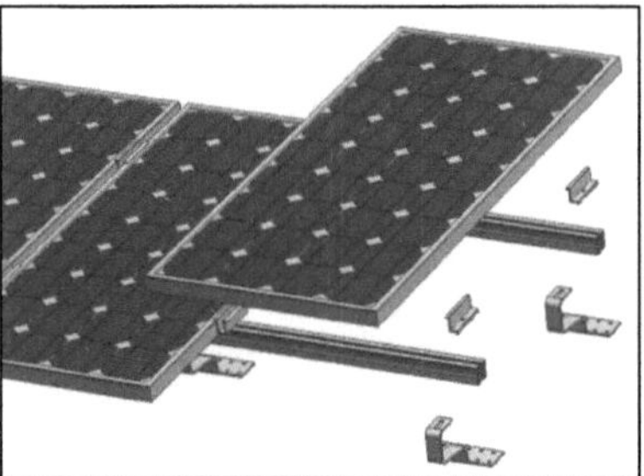
Abbildung 27: Unterkonstruktionsbsp.
Quelle: celsi-solar.ch

Ist der Dachhaken angebracht, wird die „Unterkonstruktion" an dem Dachhaken befestigt. Das Solarmodul selber wird anschließend an der Unterkonstruktion, wie in den Bildern sichtbar ist, fixiert.

---

[48] Vgl. stiehle.net

Ein Wechselrichter hat die Aufgabe, den erzeugten Gleichstrom der Solarmodule in Wechselstrom „umzuwandeln", der dann in das örtliche Stromnetz eingespeist oder im eigenen Haushalt genutzt werden kann. Bei der „Umwandlung" ist es wichtig, Verluste so gering wie möglich zu halten, um am Ende den höchstmöglichen Ertrag erzielen zu können.[49]

Bevor auf Kennwerte eingegangen wird, soll kurz erklärt werden, warum der Wirkungsgrad des Wechselrichters eine große Rolle spielt. Wer sich für den Kauf eines Wechselrichters entscheidet, wird bemerken, dass dort zwei Wirkungsgrade genannt sind. Im nächsten Abschnitt wird die Wichtigkeit des europäischen Wirkungsgrades näher erläutert.

5.1. Europäischer Wirkungsgrad

Der EU Wirkungsgrad ist der Wirkungsgrad, der vom Wechselrichter bei „Teillast" erbracht wird. Eine Teillast findet bei diffuser Einstrahlung statt, der Wechselrichter soll hierbei trotzdem möglichst viel Gleichstrom in Wechselstrom umwandeln, deshalb ist es wichtig dass der EU Wirkungsgrad nicht so viel vom eigentlichen Wirkungsgrad abweicht.[50] Der maximale Wirkungsgrad wird erst bei einer 50 prozentigen Auslastung, der Nennleistung erreicht.[51]

Dazu werden zwei Rechenbeispiele mit einer 30kW Anlage mit zwei versch. Wechselrichtern. Dabei hat der erste Wechselrichter einen Wirkungsgrad von 95 % und der zweite einen Wirkungsgrad von 99 %.

Rechenbeispiel Wirkungsgrad:

Wirkungsgrad 0.95^{n} x 30kWp x $(850h/a/m^2$ x 0,2443)€/kWp = 5.918,17 €/Jahr

Wirkungsgrad 0.99^{n} x 30kWp x $(850h/a/m^2$ x 0,2443)€/kWp = 6.167,35 €/Jahr

Das Ergebnis zeigt, dass bei dem Wechselrichter mit dem höheren Wirkungsgrad ein höherer Ertrag erzielt werden kann, in diesem Fall sind es 249.18 €/Jahr. Bei einer garantierten Einspeisevergütung von 20 Jahren sind dies schon 4983,67 €, die durch eine versuchte Einsparung verloren gehen würden. Beim späteren Vergleich wird noch festgestellt, dass die Preise der Wechselrichter je nach Wirkungsgrad variieren.

---

[49] Vgl. Quaschning, 2009. S. 115.
[50] Ebd. S. 115.
[51] Vgl. Anthony et al., 2005, S. 158.

5.2. Arten von Wechselrichtern

Je nach Art der Anwendung bzw. nach Anlagenkonzept werden die Wechselrichter in Modul-, Strang- oder Zentralwechselrichter unterschieden.

Modulwechselrichter

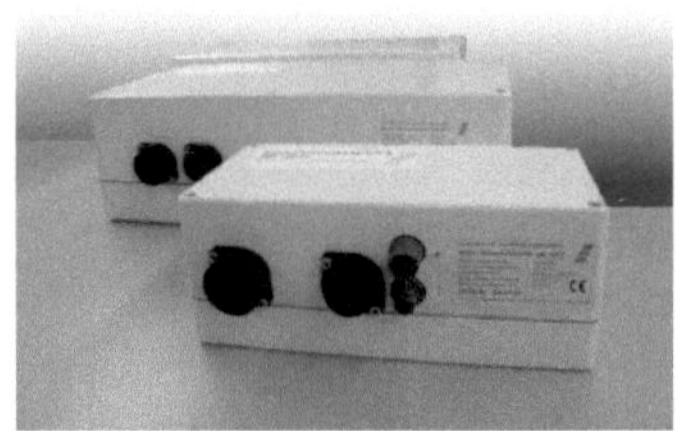

Abbildung 28: Modulwechselrichter
Quelle: dorfmueller-solaranlagen.de

Ein Modulwechselrichter wird an jedes PV Modul angebracht. Der Modulwechselrichter wird meistens in Anlagen mit kleinen Leistungen eingesetzt.[52] Das hat sowohl Vor-, als auch Nachteile wie z. B.:[53]

Vorteile:

➢ Der Defekt eines Wechselrichters beeinträchtigt nicht die ganze Anlage.
➢ Jedes Modul kann optimal betrieben werden.
➢ Verschattungen wirken sich nur auf das betroffene Modul aus.

Nachteile:
➢ Der Austausch ist mit erheblichem Aufwand verbunden.
➢ Thermische Belastungen durch den Modulwechselrichter könnten die Leistung des gesamten Moduls beeinflussen.[54]

Stringwechselrichter

Bei dem Stringwechselrichter handelt es sich um den gängigsten im PV Bereich. Im Gegensatz zum Modulwechselrichter werden bei der Anwendung des Stringwechselrichters alle in Reihe geschalteten Module mit einem Wechselrichter verbunden. Dieser speist den geänderten Strom in das Netz des Energieversorgers ein.

Abbildung 29: Stringwechselrichter
Quelle: solar-server.de

[52] Vgl. Staab, 2011, S. 36.
[53] Vgl. Kaltschmitt et al., 2006, S. 236.
[54] Vgl. Rindelhardt, 2001, S. 169.

Zentralwechselrichter

Anstatt eine große PV Anlage auf mehrere Stringwechselrichter zu verteilen, können sie auch mit einem Zentralwechselrichter installiert werden. Anlagenleistungen bis in den MW Bereich können mit ihm verbunden werden.[55]

Abbildung 30: Zentralwechselrichter
Quelle: photovoltaik.eu

Mögliche Wechselrichterkonzepte folgen in Abb. 30 noch mal in bildlicher Darstellung.

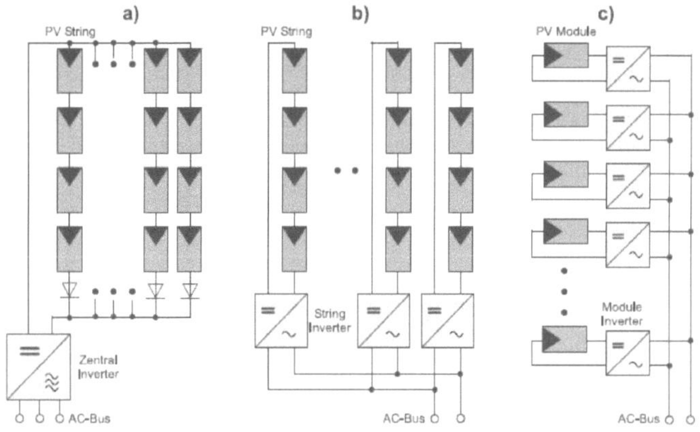

Abb. 2: Schematische Darstellung einer PV-Anlage, die mit unterschiedlichen Topologien verbunden ist:
a) Zentralwechselrichter   b) String-Wechselrichter   c) Modulintegrierter Wechselrichter

Abbildung 31: Darstellung versch. Wechselrichterkonzepte
Quelle: renewable-energy-concepts.com

[55] Vgl. Anthony et al., 2005, S. 149.

5.3. Wechselrichtervergleich

Hersteller	Bezeichnung	Leistung [kWp]	Garantie [Jahre]	EU-Wirkungsgrad [%]	Wirkungsgrad [%]	Quelle
Steca Elektronik GmbH	StecaGrid 3000	3	7 (Auf 20 verl.)	98,2	98,6	stecasolar.com
Steca Elektronik GmbH	StecaGrid 3600	3,6	7 (Auf 20 verl.)	98,1	98,6	stecasolar.com
SMA Solar Technology AG	STP 20000TLHE-10	20	5 (Verl.5/10/15/20)	98,6	99	Enerix.org
SMA Solar Technology AG	Sunny Central SC 500HE-11	500		98,4	98,6	sma.de (2011)
KACO new energy GmbH	Powador 39.0 TL3	39	7 (Verl. 10/15/20/25)	97	98	kaco-newenergy.de (2011)
Kaco	Kaco Powador 10.0 TL-3	10	5-7	97	98	kaco-newenergy.de (2011a)
Power One	Power One Aurora PVI-12.5	12,5		97,25	97,7	power-one.com
Siemens	Sinvert PVM 10	10	5 (auf 10 verl.)	97,4	98	gehrlicher.com
Fronius	IG Plus 120	10		95,4	95,9	fronius.com
Sungrow Power Supply Co	SG 4KTL-31	4	k.A.	96	97,3	sungrowpower.com
Power-One SpA	Aurora PVI-3.6-OUTD	3,6	k.A.	96	96,8	solarshop.net
SMA	Sunny Boy SB 3000TL-20	3			97	sma.de (2011a)

Tabelle 5: Wechselrichtervergleich

An das Netz angeschlossene PV Anlagen müssen über einen Zähler verfügen, um die Menge des erzeugten Stromes zu erfassen.[56]

Das Erneuerbare-Energien-Gesetz (EEG) vom 01.01.2009 regelt, dass der erzeugte Strom vorrangig selbst genutzt und dann den Mehrertrag in das Netz einspeist werden soll. Mit einem neu installierten Zähler ist die selbst bezogene Quantität nachvollziehbar.

Damit der Zähler pünktlich nach der Installation angebracht wird, sollte mit einem Installateur ein Termin zur Anbringung und Installation gemacht werden. Die Bestellung des Zählers wird in der Regel vom Installateur/Händler durchgeführt.[56]

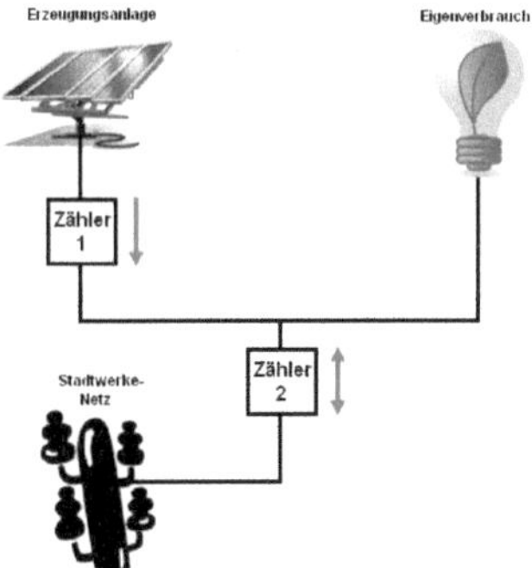

Eine Möglichkeit ist, einen Zwei-Richtungszähler zu bestellen. Der Zwei-Richtungszähler hat die Aufgabe, die Menge des eingespeisten und die Menge des bezogenen Stromes zu messen. Ein zweiter Zähler (Einrichtungszähler) wird dann noch benötigt, um den Gesamtertrag der PV Anlage zu messen. Die Summe des genutzten Stromes, welches von der PV Anlage produziert wurde, ergibt sich aus:

Erzeugung – Einspeisung = Selbstverbrauch.

Abbildung 32: Bsp. Eines Zweirichtungszählers
Quelle: Stadtwerke Sindelfingen.de

Die Kosten für den Zähler Betragen bei der SWB 28,27 € zzgl. MwSt. pro Jahr. Die Installation des Zählers beträgt einmalig 54 € zzgl. MwSt.[57]

---

[56] Vgl. Karamanolis, 2009, S. 111.
[57] Vgl. swb-netze.de.

Während dieser Ausarbeitung wurde von Interessierten Personen (Freunde, Bekannte) gefragt, wie viel denn so eine Anlage kostet. Das zeigte zwar, dass sie generell Interesse haben, auf ihrer Dachfläche eine PV Anlage zu installieren oder dass sie sich zumindest für das Thema PV Anlagen interessieren, sich aber weder mit dem Preis, noch mit den zur Verfügung stehenden Finanzierungsmöglichkeiten auseinandergesetzt haben. Die meisten Interessenten scheuen den Weg zur Bank oder zu einem Finanzierungsberater.

Im folgenden Kapitel sollen deshalb Finanzierungsmöglichkeiten beschrieben werden, die sowohl von Privat- als auch von Geschäftsleuten genutzt werden können.

7.1. Finanzierung aus eigenen Mitteln

Bei der Eigenfinanzierung entfallen die „festen Zinszahlungen, Tilgungsverpflichtungen, und Kapitalbeschaffungskosten, was liquiditätsmäßig vorteilhaft sein kann"[58]

Mit Wirtschaftlichkeitsrechnern lässt sich errechnen, welche Rendite bei einer Investition in eine PV Anlage unter Berücksichtigung aller Kosten erzielt werden kann. Möglichkeiten zur Berechnung werden im Abschnitt „Wirtschaftlichkeit" vorgestellt.

7.2. Fremdfinanzierung

Durch eine Fremdfinanzierung wird insgesamt die Liquidität erhöht, es bilden sich hier aber noch die Vorteile der steuerlichen Absetzbarkeit. „Dadurch ist die Belastung der Betriebe mit Einkommen- bzw. Körperschaftssteuer und Vermögenssteuer Geringer als bei der Finanzierung mit Eigenkapital."[59]

7.3. Fördermittel (Umweltbank, KfW, GLS Bank)

Kreditbewilligungen für PV Anlagen hängen meistens, wie bei einem normalen Kredit auch, von der beantragten Summe und von den Sicherheiten ab. In der Tab. 6 sind beispielsweise die Kreditvergabekriterien der Umweltbank zu sehen. Diese Kriterien für einen Kredit können ebenfalls für einen Vergleich mit anderen Banken eingesetzt werden. Der Zinssatz wird bei den Banken in verschiedene Preisklassen unterteilt, die dem Risiko entsprechend gering oder höher ausfallen.

---

[58] Vgl. Rautenberg/Vormbaum, 1997, S.40.
[59] Ebd. S.40.

Nicht vergessen werden sollte und in jede Berechnung mit einzubeziehen ist die Mehrwertsteuer, die nach dem Kauf einer Anlage vom Finanzamt erstattet wird. Je nach Absprache mit der Bank kann dieser erstattete Betrag als Sondertilgung eingesetzt werden, um die Verbindlichkeiten der Bank gegenüber zu mindern.

7.4. KfW

Die KfW (Kreditanstalt für Wiederaufbau) ist eine der Kreditanstalten, die den Bau von Solaranlagen mit zinsgünstigen Krediten fördert. Die günstigen Zinssätze fangen bei

2,07 % pro Jahr an und müssen bei der Hausbank vor einer anstehenden Investition beantragt werden.[60]

7.5. GLS Bank

Die GLS Bank vergibt Kredite für PV Anlagen ausschließlich an Privatpersonen. Der Höchstbetrag, den die Bank vergibt, beträgt 100.000 €, bei einer maximalen Laufzeit von 15 Jahren. Bei einem Kredit von 30.000€ beträgt der Zinssatz 4,75 %.

Als Sicherheit wird bei der Bank, bei Krediten bis 30.000€, die Abtretung der Einspeise-Vergütung akzeptiert. Ein von der Bank erstellter Fragenkatalog kann ausgefüllt und eingesendet werden. Die Kundenberater setzen sich dann mit dem Antragsteller in Verbindung. [61]

7.6. Umweltbank

Photovoltaik-Finanzierung ist seit 1997 ein Bestandteil der Finanzierungsprogramme der Umweltbank. Kredite für PV-Projekte werden in drei Varianten angeboten, die jeweils von der Kreditsumme abhängig sind. Einfach und verständlich wird dies in der Tabelle 6 dargestellt.[62]

---

[60] Vgl. kfw.de.
[61] Vgl. gls.de.
[62] Vgl. Umweltbank.de

	Eff. Zinssatz [%]	Mindestkreditsumme	Sicherheiten	Sondertilgungsmöglichkeit	Kreditlaufzeit [Jahre]	Antragsberechtigte Personen
Kredit < 100.000 €	4,01	15.000€	• PV Anlage • Einspeisevergütung • Betreiberrecht	Nach Vereinbarung	10–18	• Angestellte • Arbeiter • Selbstständige • Betreibergemeinschaften
Kredit > 100.000 €	3,8	-		keine	10–16	• Unternehmen • Investoren • Vereine • Kapitalanleger
Kredit ab 750.000 €	Für die Beantragung eines Kredites in diesem Bereich ist ein pers. Gespräch notwendig.					

Tabelle 6: Kreditkonditionen der Umweltbank
Quelle: Umweltbank.de

Weitere Möglichkeiten, Zinsvergleiche durchzuführen, bieten Vergleichsportale im Internet wie: www.kredit-vergleich.de, www.check24.de/konto-kredit oder www.kreditzinsen.com.

Es gibt verschieden Gründe, sich für eine PV-Anlage zu entscheiden. Bei der Begutachtung der Wirtschaftlichkeit einer Anlage ist es wichtig, dieses zu unterscheiden. Der Unternehmer will in erster Linie aus einer getätigten Investition Profit erwirtschaften. Es gibt aber auch noch andere Anreize, die interessant sein könnten:

> Entlastung hoher Stromkosten bei Gewerbebetrieben
> bessere Renditen als andere Geldanlagen
> 20 Jahre gesicherte Vergütungssätze
> durch zusätzliche Eigenverbrauchsvergütung sind höhere Renditen erzielbar

Für den Privatmann hingegen kann es von hoher Bedeutung sein, einen eigenen Teil dazu beizutragen, emissionsfreien Strom zu erzeugen. In diesem Kapitel werden verschiedene Rentabilitätsrechnungen beschrieben und einige Beispiele genannt. Für die Anreize für Privatpersonen siehe auch Tabelle 2.

8.1. Förderungen nach dem EEG

Der Stromertrag aus erneuerbaren Energien soll bis 2020 35 % und bis 2050 mindestens 80 % betragen. [63]

Die unten folgende Tabelle (Tab. 7) gibt einen kleinen Überblick über Einspeisevergütungen im Vergleich zu den Vergütungen der letzten Jahre. Die Preise sind in Cent pro Kilowatt angegeben, in den Klammern dahinter steht der Prozentsatz, um den die Vergütung im Gegensatz zum vorherigen Jahr gesunken ist.

Bis 2008 hat es eine lineare Degression der Vergütung von 5 % gegeben. Danach gab es eine *dynamische Degression*, wie aus der Tabelle hervorgeht. Ab 2009 veränderte sich die Vergütung/Degression in Abhängigkeit von der in Deutschland jährlich neu installierten Leistung. Die Degression kann sowohl höher als auch niedriger als die des Vorjahreszeitraums ausfallen, je nachdem, welche Gesamt-Modul-Leistung im Vorjahreszeitraum installiert wurde.[64]

---

[63] Vgl. bmu.de, (2011), S.1
[64] Vgl. bmu.de, (2011a), S.12

Damit eine zukünftige Degression genau berechnet werden kann, muss seit dem 1.9.2010 jeder Betreiber einer PV Anlage diese der Bundesnetzagentur mit Standort und Leistung melden. Festgelegt ist diese Verpflichtung im Erneuerbare-Energie-Gesetz (EEG) im § 16 Abs. 2.[65]

Unter   https://app.bundesnetzagentur.de/pv-meldeportal/portal_start_00.aspx   kann eine neue PV Anlage Online angemeldet werden.

	Bis 30 kWp	30-100 kWp	100kWp-1MWp	Ab 1MW	Freiflächen
2006	51,80	49,28	48,74	48,74	40,60
2007	49,21 (5%)	46,82 (5%)	46,30 (5%)	46,39 (5%)	37,96 (6,5%)
2008	46,75 (5%)	44,48 (5%)	43,99 (5%)	43,99 (5%)	35,49 (6,5%)
2009	43,01 (8%)	40,91 (8%)	39,58 (10%)	33,00 (25%)	31,94 (10%)
01/2010-06/2010	39,14 (9%)	37,23 (9%)	35,23 (11%)	29,37 (11%)	28,43 (11%)
07/2010-09/2010	34,05 (13%)	32,39 (13%)	30,65 (13%)	25,55 (13%)	25,02 (12%)
10/2010-12/2010	33,03 (3%)	31,42 (3%)	29,73 (3%)	24,79 (3%)	24,26 (3%)
2011	28,74 (13%)	27,33 (13%)	25,86 (13%)	21,56 (13%)	21,11 (13%)
2012	24,43 (15%)	23,23 (15%)	21,98 (15%)	18,33 (15%)	17,94 (15%)

Tabelle 7 Einspeisevergütungssätze
Quelle: bmu.de, 2011a, S.13. bmu.de, 2011b, S. 16.

Berechnungsgrundlage für das eeg-2012 ist, „die installierte Leistung zum 30.09. Des jeweiligen Vorjahres innerhalb der vorangegangenen zwölf Monate."[66]

Zwei Arten von Vergütungen kann ein Betreiber einer PV Anlage bekommen. Die eine Vergütung ist wie aus der Tabelle hervorgeht die **Einspeisevergütung.** Die andere ist die **Vergütung des Eigenverbrauchs** des selbst produzierten Stromes.

Durch eine Messung ist nachzuweisen, wie viel Strom eingespeist und wie viel selbst verbraucht wurde.[67]

[65] Vgl. bundesnetzagentur.de, (2011).
[66] Vgl. bmu.de, (2011b), S. 15.
[67] Vgl. Ebd., S. 15.

Über einen Zwei-Richtungszähler ist die Quantität des Eigenverbrauchs ersichtlich, genauso wie die Menge, die in das öffentliche Netz eingespeist wurde. Es muss ganz genau nachvollziehbar sein, wie viel erzeugter Strom selbst verbraucht und welche Menge eingespeist wurde. Auch bei der Vergütung des Eigenverbrauchs richtet sich die Vergütung nach der Größe der Anlage und nach der Höhe des Verbrauchs (siehe Tab. 8).

8.2. Änderungen/Zusätze aus dem eeg-2012

Das neue eeg-2012 bringt einige Änderungen mit sich, u. a. eine Marktprämie, die Nutzung einer Abschalteinrichtung und die Erhöhung der Degressionssätze. Zusätzlich zur grundsätzlichen Degression von 9 % erhöht sich der Prozentsatz, wenn die Zahl der installierten Leistungen wie in der folgenden Tab. ausfällt:

Installierte Leistung [MW]	Prozentpunkte
>3500	3
>4500	6
>5500	9
>6500	12
>7500	15

Tabelle 8: Degressionssätze 2012
Quelle: bmu.de, 2011b, S. 15.

Berechnungsgrundlage der Degression ist „die installierte Leistung zum 30.09. des jeweiligen Vorjahres innerhalb der vorangegangenen zwölf Monate." Liegt die Menge der installierten Leistungen zwischen 2500 MW und 3500 MW, so bleibt die festgesetzte Degression von 9 % bestehen.[68]

Die Vergütungssätze können ab 2012 auch zum 1. Juli in Anlehnung an den Zubau im Jahr zuvor gesenkt werden.[69]

Zum 1. Juli eines Jahres können die Vergütungssätze aber auch um 3, 6, 9, 12 oder 15 % sinken. „maßgeblich ist der im Zeitraum 1.10.2011 bis 30.04 2012 von der Bundesnetzagentur erfasste Zubau von PV-Anlagen mit dem Wert 12 multipliziert und durch den Wert 7 geteilt",[70] wenn die Leistung der Installierten Anlagen je „3.500 MW, 4.500 MW, 5.500 MW, 6.500 MW oder 7.500 überschreitet."[71]

---

[68] Vgl. bmu.de, 2011b, S. 15.
[69] Vgl. bmu.de, 2011b, S. 1.
[70] Vgl. sfv.de.
[71] Vgl. bmu.de, 2011b, S. 15.

Marktprämie

Es besteht für Anlagenbetreiber die Möglichkeit auf eine Vergütung nach dem EEG zu verzichten und den erzeugten Strom an einer Strombörse selbst zu verkaufen. Die Marktprämie ergibt sich aus der Differenz zwischen Verkaufserlös und der Einspeisevergütung.[72]

Abschalteinrichtung für PV Anlagen

Als Maßnahme zur Netzintegration „unterliegen Anlagen ab 100 kW künftig dem Einspeisemanagement", Anlagen über 30 kW gehören zum „vereinfachten Einspeisemanagement". Das vereinfachte Einspeisemanagement beinhaltet die Ausstattung der PV Anlage mit einer technischen Einrichtung zur Abriegelung.[73]

Bei Anlagen unter 30 kW, die nicht am vereinfachten Einspeisemanagement teilnehmen, soll die Leistung auf 70 % gekappt werden.[74]

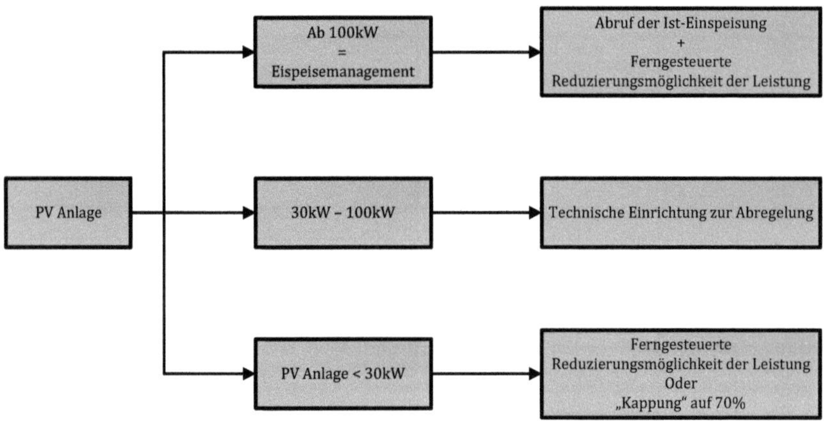

Abbildung 33: Netzintegrationsmaßnahmen
Quelle: bmu.de, 2011, S. 13, sma.de.

[72] Vgl. bmu.de, 2011, S. 2.
[73] Ebd., S. 11.
[74] Ebd., S. 13.

8.3. **Vergütungsätze des Eigenverbrauchs**

Um die aktuelle Eigenverbrauchsregelung in Anspruch nehmen zu können, muss die Anlage zwischen dem 01.01.2012 und dem 31.12.2013 errichtet werden. Des Weiteren muss die Anlage über einen Netzanschluss verfügen und darf max. 500 kWp betragen. Die folgende Tabelle zeigt die aktuellen Vergütungssätze sowie die Voraussetzungen.

	Bis 30 kWp (Ab 30 % Eigennutzung)	30–100 kWp (Ab 30 % Eigennutzung)	100–500 kWp (Ab 30 % Eigennutzung)
01/2010–06/2010	22,76 (22,76)	-	-
07/2010–09/2010	17,67 (22,05)	16,01 (20,39)	14,27 (18,65)
10/2010–12/2010	16,65 (21,03)	14,27 (18,65)	13,35 (17,73)
2011	12,36 (16,74)	10,95 (15,33)	9,48 (13,86)
2012*	8,05 (12,43)	6,85 (11,23)	5,6 (9,98)

Tabelle 9: Vergütungssätze des Eigenverbrauchs
Quelle: BMU.de

Die Wirtschaftlichkeit einer PV Anlage lässt sehr einfach mit kostenlosen, online zur Verfügung stehenden Wirtschaftlichkeitsrechnern errechnen. Die Inputmöglichkeiten unterscheiden sich bei den verschiedenen Online-Rechnern, Unterschiede gibt es in den Eingabemöglichkeiten, z. B. Betriebskosten, bildliche Darstellungen und zusätzliche Informationen wie Angaben über den Kapitalwert.

Abbildung 34: Visualisierungsbsp.
Quelle: Valentin.de

Kostenpflichtige Wirtschaftlichkeitsrechner bieten eine Vielzahl weiterer Möglichkeiten, z.B. der Rechner der Firma Valentin. Die Software hat eine Komponentendatenbank, die über 9.000 Module und 2.000 Wechselrichter verfügt. Von der Modulbelegung bis zur Ertragssimulation lässt sich mit der Software alles darstellen. Eine Aufstellung der PV Module am Hausdach lässt sich auch visuell darstellen. Schatten im Umfeld der PV Anlage können von der Software berücksichtigt und ggf. eine Ertragsminderung mit kalkuliert werden.[75]

[75] Vgl. Valentin.de

Abbildung 35: Visuelle Auslegungsplanung der Module
Quelle: Valentin.de

Gratis mit einer benutzerfreundlichen Oberfläche ist es möglich, die Wirtschaftlichkeit mit Photovoltaik-Rechnern zu berechnen. Ein kostenloser Wirtschaftlichkeitsrechner, der viele Möglichkeiten bietet, befindet sich zum Download auf der Seite: https://www.landwirtschaft-bw.info/servlet/PB/menu/1035240/index.html.

Investition: (Gesamtkosten der Planung und Herstellung; Kosten ohne Mwst.)

Kosten der Anlage in €uro/kWp:	900,00 €/kWp (o.Mwst.)
Herstellungskosten gesamt in €uro (lt. Angebot;ohne Mwst.):	**9.000 €**

Kostenaufstellung (lt. Angebot;ohne Mwst.): (Angebot gesamt oder Einzelpositionen erfassen)

PV Anlage inkl. Montage	9.000	€
Zählerinstallation		€
		€
		€
		€
		€
		€
		€
		€
		€
		€

Leistungsdaten:

jährlicher Stromertrag in kWh/ kWp *:	930,00 kWh / kWp	
Alterung der Module (in % pro Jahr):	0,50 % pro Jahr	
Monat der Inbetriebnahme (Eingabe: z.B.: Sept. = 9)	2 (Monat im Herstellungsjahr)	
Stromerzeugung im Startjahr	9.136	kWh
Stromerzeugung im 1. Jahr	9.300	kWh
Stromerzeugung im 20. Jahr	8.455	kWh

Abbildung 36: Bsp. Kostenaufstellung bei PV Kalkulationstabelle
Quelle: Landwirtschaft-bw.info

Der Nutzer hat hier die Möglichkeit, alle aufzuwendenden Kosten aufzustellen. Des Weiteren gibt es die Möglichkeit, eine Fremdfinanzierung in die Berechnung sowie eine Wirtschaftlichkeitsberechnung einzubinden. Die Vergütungssätze sind in der Tabelle schon eingestellt, so dass eine einfache Bedienung gewährleistet ist. Eine Eigenkapitalverzinsung lässt sich auch berechnen (siehe folgendes Bsp.).

Bei der Anschaffung einer 10 kWp Anlage, die ca. 17.000 € inkl. Montage kostet, ergibt sich eine Eigenkapitalverzinsung von 12,3 %.

Eigenkapitalverzinsung

Herstellungskosten:		17.000 €	Finanzierung:
Eigenmittel:	Anteil Eigenmittel in %: (20%)		3.400 €
Fremdmittel:	Anteil Fremdmittel in %: (80%)		13.600 €
Kontoendstand nach 20,9 Jahren:			38.742 €
abzgl. eingesetzte Eigenmittel			3.400 €
erwirtschafteter Überschuß			35.342 €
Eigenkapitalverzinsung (gerundet)			**12,3%**

Aus den zur Finanzierung eingesetzten Eigenmitteln von 3400,- € wurde nach 20,9 Jahren ein Kontoendstand von 38742,- € auf dem Photovoltaik-Konto erwirtschaftet. Dies entspricht einer Verzinsung des eingesetzen Eigenkapitals von 12,3%.

Abbildung 37: Bsp. Rechnung bei Wirtschaftlichkeitsrechnern
Quelle: Landwirtschaft-bw.info

Das Tool bietet sich an, um mehrere Finanzierungsvarianten durchzuspielen, bei der eine hohe Verzinsung des eingesetzten Kapitals erreicht werden kann. Weitere <u>kostenlose PV Rechner</u> sind online verfügbar unter:

- ➤ http://www.energieagentur.nrw.de/tools/solarrechner/
- ➤ http://www.antaris-solar.de/fotovoltaik-rendite-rechner-online.html
- ➤ http://umweltinstitut.org/energie--klima/wirtschaftlichkeit-von-solaranlagen/wirtschaftlichkeit-von-photovoltaik-anlagen-461.html
- ➤ http://www.test.de/themen/umwelt-energie/rechner/Solarstrom-Vergleichsrechner-Rendite-mit-Sonne-1391893-2391893/

Tools für eine Ertragssimulation finden sich unter:

- ➤ http://kaconewenergy.de/de/site/203/produkte/photovoltaik/software/kacoca lc_pro/page/produkte/details.xml
- ➤ http://www.ibc-solar.de/solarstromrechner.html
- ➤ http://www.solarrechner.de/

Jährliche Kosten betragen etwa 2-3% der Investitionskosten (Versicherung, evtl. Pacht, Zählermiete und Rücklagen für Reparaturen)[76]

Die Berechnung der Betriebskosten ist der Hauptbestandteil der Kostenrechnung. Fallen die Betriebskosten höher aus als erwartet oder kalkuliert, führt dies zu einer Minderung der erwarteten Rendite. Im schlimmsten Fall merkt der Betreiber erst, wenn es zu spät ist, dass die Kosten höher ausfallen als gedacht. Kosten, die in jede Kostenrechnung einfließen sollten, sind:

> Versicherungskosten

> Wartung und Reinigung

> Rücklagen für Reparaturen (abhängig von Anlagengröße)

> Zählermiete

> Anschlusskosten

> Ggf. Steuerberater

> Ggf. Abträge

9.1. Versicherungskosten

Auf versch. Internetseiten, wie beispielsweise www.rosa-photovoltaik.de und www.tarif24.de, kann ein Versicherungsschutz nach versch. Kriterien, z. B. Diebstahlschutz, Minderertrag und Sturm-/Hagelrisiko oder nach einer Entschädigungsdauer bei Ausfall, gesucht werden (siehe auch Tabelle 9). Ein selbst durchgeführter Versicherungsvergleich zeigte, dass die Kosten pro kWp sinken, je größer die Anlage ist.

Die angebotenen Leistungen variieren genauso. Bedienungs- und Konstruktionsfehler können nur bei sehr wenigen Versicherungen versichert werden. Die folgende Checkliste stellt einen Überblick dar, welche Schäden, je nach Versicherung, versichert werden können.

---

[76] Vgl. Quaschning, 2009, S. 126.

PV Versicherungscheckliste	
PV Module	
Wechselrichter	
Unterkonstruktion	
Steckverbindungen	
Einspeisezähler	
Blitzschaden	
Sturmschäden	
Hagelschaden	
Marderverbiss (Tierverbiss)	
Vandalismus, Sabotage	
Überspannungsschutzeinrichtungen, Kurzschluss	
Bedienungsfehler/unsachgemäße Handhabung/Fahrlässigkeit	
Diebstahlschutz	
Erdbebenschäden	
Montageversicherung	
Ausfallversicherung (3/6/12 Monate)	
Selbstbeteiligung	
Sabotage/Vandalismus	
Bedienungsfehler	
Konstruktionsfehler	
Überwachungseinrichtungen	
Hausanschlüsse	
Brandschaden	
Wasser, Feuchtigkeit, Überschwemmung	

Tabelle 10: Versicherungscheckliste
Quelle: Leistungsvergleich Tarif24.de, Leistungsvergleichrosa-photovoltaik.de, photovoltaikversicherung24.de

9.2. <u>Wartung</u>

Eine PV Anlage ist sehr wartungsarm, Ertragsdaten können aus dem Wechselrichter, je nach Typ und Funktion, entnommen werden. Der Wechselrichter ist in der Lage, Aufschluss über den Gesamtzustand der Anlage zu geben, indem er die Daten erfasst und speichert.[77]

Manche Wechselrichter, z. B. der Firma SMA, haben eine Bluetooth Funktion, mit der die Ertragsdaten an einen PC übertragen werden können. Bei dem Erwerb eines neuen Wechselrichters, z.B. der Fa. SMA, ist die Überwachungssoftware im Preis enthalten. Für eine Fernüberwachung bietet die Firma eine Registrierung auf der Webpräsenz www.sunnyprotal.de an.

Das Gesamtsystem kann aber auch durch Überwachungssysteme wie sog. Datenlogger „überwacht" werden. Beispiele wie diese Systemüberwachung können auf der Homepage des Anbieters PV-Log angeschaut werden. Eine Nutzung des Portals ist nur möglich, wenn der Datenlogger auch von der Firma erworben wird.

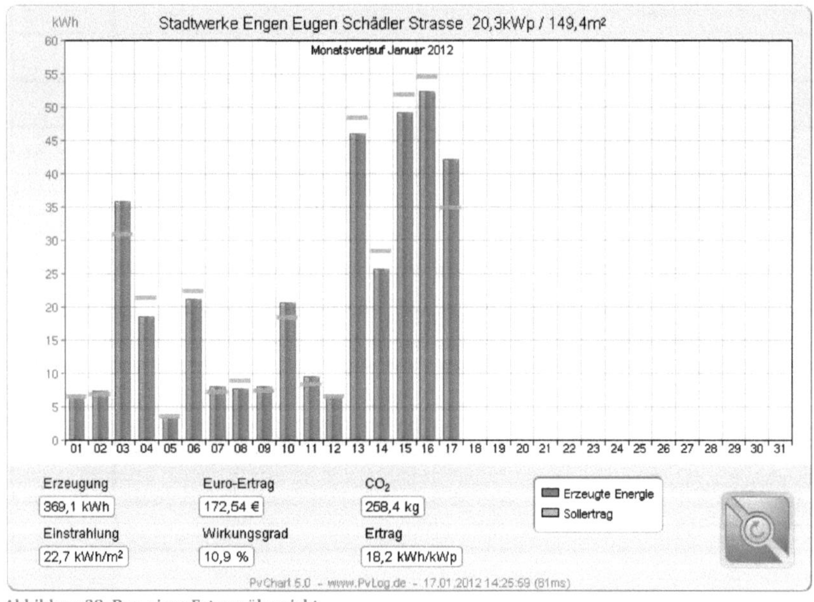

Abbildung 38: Bsp. einer Ertragsübersicht.
Quelle: pvlog.de.

---

[77] Vgl. Konrad, 2008, S. 35.

Nachdem die Überwachungsgeräte erworben wurden, ist die Nutzung je nach Anbieter kostenpflichtig. Der Aufbau einer Anlagenüberwachung ist in Abb. 39 dargestellt. Ob und mit welchem Wechselrichter der Datenlogger kompatibel ist, geht aus der Homepage der Hersteller hervor.

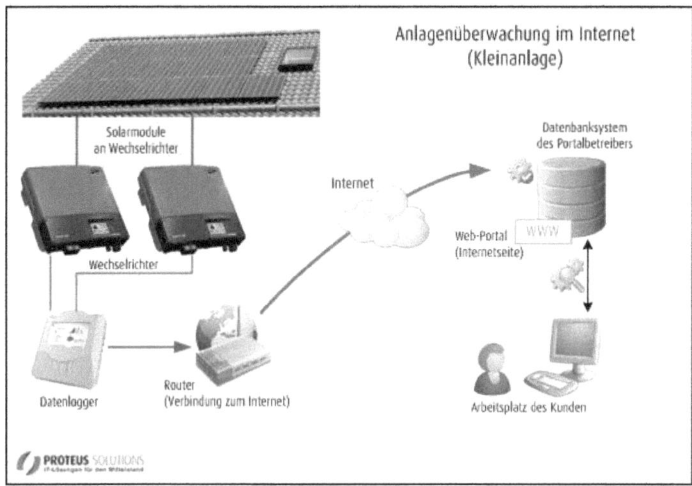

Abbildung 39: Darstellung einer Anlagenüberwachung
Quelle: proteus-solutions.de

Mögliche Anbieter sind:

- Solarcon (www.solarcron.net)
- SMA (www.sunnyportal.com)
- Solar-Log (www.solar-log.com)
- Carlo Gavazzi(www.gavazzi.de)
- PvLog (www.pvlog.de)
- Solar View (www.solarview.info)
- Solar-Log (www.solar-log.com)
- Sun Watch (www.sun-watch.com)

9.3. **Reinigung**

Verunreinigungen können standortabhängig auftreten und folgend aufgeführte Verunreinigungen beinhalten:[78]

> ➤ Kalkablagerungen durch falsches Reinigen mit Leitungswasser
> ➤ Blätter und Nadeln von benachbarten Bäumen, klebrige organische Sekrete von Läusen aus benachbarten Bäumen
> ➤ Pollen und Samen von Gräsern und Bäumen
> ➤ Ruß aus Heizungen und Motoren
> ➤ Staub durch industriebedingte Luftverschmutzung
> ➤ Staub von Straßen und Bahnlinien
> ➤ Staub und organische Substanzen aus Stallentlüftungen (aus der Landwirtschaft im Allgemeinen)
> ➤ Futtermittelstäube aus der Landwirtschaft
> ➤ Wachstum von Pionierpflanzen, wie Flechten, Algen und Moose, an Dichtungen und auf dem Glas
> ➤ Insekten sowie deren Überreste und Kot
> ➤ Vogelkot

Ob und wann eine Reinigung nötig ist, hängt „stark vom Standort" ab (z. B. Bauernhof, Industriegebiet, Ländliche Regionen). „Kritischer Teil" bei geringer Neigung ist die Unterseite, bei der sich Verschmutzungen am Modulrahmen festsetzen können.[79]

Besonders bei einer Neigung von unter 15° bis 20° kann es zu verstärkten Ablagerungen von Schmutz kommen, im Winter bleibt der Schnee länger unterhalb des Moduls liegen.[80] Bei einer geringen Neigung wäre es auch möglich, auf Module ohne Modulrahmen zurückzugreifen.

In der Literatur wird erwähnt, dass eine Reinigung „für gewöhnlich" nicht notwendig ist, da das Regenwasser ausreichen würde.[81]
Wissenschaftliche Forschungen gibt es in Bezug auf PV Reinigung nur wenige.[82] Einzelne Tests in verschiedenen Regionen weisen verschiedene Werte aus. Sie unterscheiden sich jedoch durch in der Region und in der Umgebung liegende Faktoren, die zu einer Verschmutzung beitragen.

---

[78] Vgl. fix-gebäudereinigung.de.
[79] Vgl. Roberts, 2009. S. 60.
[80] Vgl. Stempel, 2007. S. 20.
[81] Vgl. Brück, 2009, S. 59.
[82] Vgl. Photon 04/2011, S. 128.

In einem in der Schweiz ansässigen Testzentrum für PV Anlagen wurde ermittelt, dass ein entstandener „permanenter Verschmutzungsstreifen" eine durchschnittliche Leistungsreduktion der PV Anlage von 7,6 % bewirkt. Erwiesen ist auch die Erkenntnis, dass nach einer Reinigung eine Leistungssteigerung von 10,2 % zu erwarten ist.[83]

Die örtlichen Umstände müssen aber auch berücksichtigt werden, nachgewiesen werden konnte in den Verschmutzungen auch Eisenstaub, dessen Ursache ein „lokales Phänomen" einer Eisenbahn-Hauptstrecke ist. An einer etwas entfernteren PV Anlage war auch Eisenstaub feststellbar, jedoch haftete dieser weniger stark an den PV Modulen.

Ein von der Zeitschrift Photon durchgeführter Test (siehe Abb. 40) widerspricht dieser These in einem selbst durchgeführtem Test. Bei diesem Test bestanden aber im unmittelbaren Umfeld keine umweltverschmutzenden Beeinträchtigungen, wie im Testzentrum der Schweiz die Eisenbahnschienen.

Hersteller	Modul	Erstmalige Reinigung nach	Leistungsgewinn durch Reinigung	Installationsjahr
GPV	GPV110M	15 Jahren	3,3 %	1995/1996
GPV	GPV110M	15 Jahren	3,5 %	1995/1996
GPV	GPV110M	15 Jahren	2,3 %	1995/1996
Solarex	MSX83	11 Jahren	3 %	2000
Solarex	MSX83	11 Jahren	2,3 %	2000
Solarex	MSX83	11 Jahren	3,3 %	2000
Trina Solar	TSM-180DC01	2 Jahren	1,1 %	2009
Trina Solar	TSM-180DC01	2 Jahren	0,7 %	2009
Trina Solar	TSM-180DC01	2 Jahren	0,8 %	2009

Abbildung 40: PV Leistungen einer Reinigung
Quelle: Zeitschrift Photon 04/2011. S. 128.

Diese Beispiele zeigen, dass es zu sehr vom Standort und den klimatischen Bedingungen am Standort abhängig ist, um eine generelle Aussage über eine Reinigung zu machen.
Falls eine Reinigung gewünscht und dafür eine Arbeitsbühne benötigt wird, muss mit der Reinigungsfirma abgesprochen werden, ob eine vorhanden ist oder ob sie extra angemietet werden muss. Um Preisangaben machen zu können, spielt die Anlagengröße immer eine Rolle. Einen Reiniger für eine kleine Anlage, z .B. 1kWp, zu finden, könnte sich als schwierig gestalten, es ist jedoch nicht auszuschließen, dass sich dafür einer findet. Der Preis könnte bei der kleineren Anlage dementsprechend höher ausfallen. Ein kleiner Preisvergleich ist in Tab. 12 dargestellt.

---

[83] Vgl. pvtest.ch.

Kontakt	Preis (netto)	Bemerkung
www.solarreinigung.com	2,31 €/qm² bei Erstreinigung, danach 1,35 €/qm²	Bundesweit, Preis unabhängig von der Dachfläche. Benötigte Arbeitsbühne kostet ca. 150 € mehr.
www.cms.dachundpacht.de /pages/solardachreinigung. php	Mittl. Verschmutzungsgrad 15 €/kWp Starker Verschm.grad 18 €/kWp	Bundesweit
www.solarfuxx.de	Ca. 15 €/kWp	
www.solarreinigung-nrw.de	15 €/kWp	Bundesweit, Hubarbeitsbühne ist vorhanden
www.solargruppenord.com	Individuell nach Anlagengröße	
www.mehr-stromertrag.de	< 50 Module 2 € 51–100 Module 1,75 € 101–200 Module 1,50 € Ab 200 Module 1,25 €	Anfahrtskosten ab 25 km Entfernung 1 €/km
www.fix-gebaeudereinigung.de/	k. A.	Am Telefon werden keine Auskünfte erteilt
www.solar-reinigung.info/	k. A.	
www.cleanup-solar.de/index.htm	Ca. 1,65 €/qm²	Preis je nach Anlagengröße und Verschmutzungsgrad
www.solarreinigung-gbr.de/	k. A.	Ohne detaillierte Angaben können keine Preisangaben gemacht werden.

Tabelle 11: PV Reiniger-Vergleich

9.4. Umsatzsteuer

Der Betreiber einer PV Anlage kann sich am Ende eines Jahres die entrichtete Umsatzsteuer erstatten lassen. Eine Gewerbeanmeldung ist dazu nicht notwendig. Eine Umsatzsteuer fällt auf den erwirtschafteten „Gewinn" nicht an, wenn der Umsatz nach § 19 UStG die Grenze von 17.500 € nicht übersteigt.[84]

---

[84] Vgl. Grune/Elvers, 2008, S. 10.

Tatsache ist, dass es seit 2010 einen Boom in der PV Branche mit einem Zuwachs von 74 % und 43 % (siehe Abb. 2) in Deutschland gegeben hat. Fakt ist aber auch, dass das Potenzial, das in Deutschland steckt, noch längst nicht ausgeschöpft ist. Jede Menge geeigneter Dachflächen, z. B. von Wohngesellschaften (Bsp. Gewoba, GAGFAH Group) und Händlern (Lidl, Aldi, Rewe etc.), werden aus Kostengründen oder Desinteresse nicht für solare Energiegewinnung genutzt. Wenn genau dieses nicht genutzte Potenzial ausgenutzt werden kann, würden wir dem Ziel der Bundesregierung, bis 2020 35 % des Stromverbrauchs aus erneuerbaren Energien zu decken, viel näher kommen.

Durch Speichermöglichkeiten (Solarakkus) ist es möglich, den erzeugten Strom sogar zu speichern. Zwar sind die Akkus in der Anschaffung noch zu teuer, aber alleine der Gedanke daran, den Strombedarf eines Haushaltes durch die Sonnenenergie decken zu können, zeigt, in welchem fortgeschrittenen Stadium wir uns befinden. In der Zukunft wird genau diese Speicherung ein interessanteres Thema sein, denn ein Blick auf die Strompreisentwicklung (Abb. 39) zeigt einen stetigen Anstieg. Eine Minderung ist eher nicht zu erwarten.

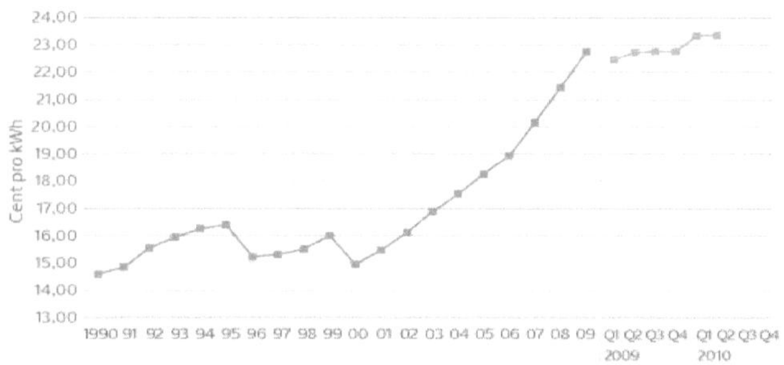

Abbildung 41: Strompreisentwicklung in Deutschland
Quelle: energie-verstehen.de

Der Solar-Markt ist jedoch ein Geschäftsfeld, das noch sehr viele Fragen offen lässt. Vernachlässigt und in der Literatur fast gar nicht erwähnt, sind z. B. Punkte, wie Langzeittests von Dünnschichtmodulen mit einer nicht nördlich ausgerichteten Neigung. Bei einem positiven Abschneiden könnte der Kreis, für den eine PV Anlage in Frage kommen würde, weit vergrößert werden.

Fragen, die ebenfalls noch einheitlich beantwortet werden müssten, wären zum Beispiel:

> Wie viel kostet eine PV Anlage/kWp?

> Wie hoch sind die Nebenkosten pro Jahr?

> Was kann getan werden, wenn die PV Module nach fünf Jahren nicht mehr funktionieren und der Hersteller ist insolvent?

Anfragen bei verschiedenen Händlern zeigten, dass die Preise sehr unterschiedlich sind, es sich somit immer empfiehlt, Anfragen bei verschiedenen Händlern durchzuführen. Damit wird das Risiko umgangen, einen zu hohen Preis zu bezahlen. Ursache für die schwankenden Preise sind die verschiedenen Nachfragezyklen auf dem PV Markt, denn alleine im Dezember 2011 wurden 3 GW in Deutschland installiert.

Während Unternehmen, wie Fa. Solon, Arise Technologies, Solar Millenium und First Solar, von Insolvenz betroffen sind, hat die Konkurrenz aus dem asiatischen Raum ihren Beitrag dazu geleistet, dass die Anschaffungskosten der PV Anlagen insgesamt gesunken sind. Umso wichtiger beim Kauf einer PV Anlage eines asiatischen Herstellers ist es, sich auf Firmen zu konzentrieren, die einen Sitz in Deutschland oder in Europa haben, und deren Referenzen geprüft werden.

Selbst wenn Renditen, Wirtschaftlichkeit, langjährige Produktgarantien usw. noch so gut klingen, muss sich aber auch mit den Nachteilen einer eigenen PV Anlage auseinandergesetzt werden. Kritisch zu betrachten und bei der Kaufentscheidung zu berücksichtigen sind deshalb folgende Faktoren:

1- Eine Inanspruchnahme der langjährigen Produktgarantie gegen ein in China ansässiges Unternehmen oder eine sich in der Insolvenz befindenden Firma kann mit einer sehr zeitaufwändigen Prozedur verbunden sein, deren Ausgang ungewiss ist.
2- Es ist nicht nachgewiesen, dass ein einziges Modul alle vom TÜV durchgeführten Tests bestehen würde. Die Tests werden an verschiedenen baugleichen Modulen durchgeführt.
3- Es gibt keine Kontrollen vom TÜV, die stichprobenartig Module der Hersteller überprüfen, um festzustellen, ob sie den Kriterien des getesteten Moduls entsprechen.
4- In Fachbüchern werden die Betriebskosten einer PV Anlage häufig pauschalisiert. Nicht berücksichtigt wird dabei, dass die Kosten wie Versicherung, evtl. Pacht, Zählermiete oder Rücklagen auch von der Anlagengröße abhängen.

Sind alle Faktoren berücksichtigt und bedacht, kann die eigene PV Anlage ein geeigneter Wegweiser in die Zukunft sein.

Literaturverzeichnis

Antony, Falk; Dürschner, Christian; Remmers, Karl-Heinz (2005): Photovoltaik für Profis. Verkauf, Planung und Montage von Solarstromanlagen. 1. Aufl. Berlin: Solarpraxis.

Brück, Jürgen (2009): Neue Energiekonzepte für Haus- und Wohnungsbesitzer. [mit Checklisten, Spar-Tipps und Förderprogrammen]. 2. Aufl. Berlin, Wien, Zürich: Beuth.

Geitmann, Sven (2010): Erneuerbare Energien. Mit neuer Energie in die Zukunft. 3. Aufl. Oberkrämer: Hydrogeit Verl.

Grune, Jörg; Elvers, Reinhard (2008): Umsatzsteuer. Grundlagen der Praxis. 1. Aufl. Wiesbaden: Gabler.

Hanus, B. (2007): Solar- Dachanlagen selbst planen und installieren: Franzis. Online verfügbar unter http://books.google.de/books?id=mHY4kELCMEwC.

Hanus, Bo; Stempel, Ulrich E. (2004): Das grosse Solar- und Windenergie Werkbuch. Poing: Franzis.

Kaltschmitt, Martin (Hg.) (2006): Erneuerbare Energien. Systemtechnik, Wirtschaftlichkeit, Umweltaspekte; 83 Tabellen. 4. Aufl. Berlin ;, Heidelberg [u.a.]: Springer.

Karamanolis, Stratis (2009): Photovoltaik. Schlüsseltechnologie der Solarenergie. Weilheim i. OB: Karamanolis.

Konrad, F. (2008): Planung von Photovoltaik-Anlagen: Grundlagen und Projektierung: Vieweg + Teubner. Online verfügbar unter http://books.google.de/books?id=nuAdCVcMkLoC.

Konstantin, Panos (2009): Praxisbuch Energiewirtschaft. Energieumwandlung, -transport und -beschaffung im liberalisierten Markt. 2. Aufl. Berlin ;, Heidelberg: Springer.

Kramer, M. (2010): Intergratives Umweltmanagement: Systemorientierte Zusammenhänge zwischen Politik, Recht, Management und Technik: Gabler, Betriebswirt.-Vlg. Online verfügbar unter http://books.google.de/books?id=LQ6T1jWFmq0C.

Quaschning, Volker (2010): Erneuerbare Energien und Klimaschutz. Hintergründe - Techniken - Anlagenplanung - Wirtschaftlichkeit. 2. Aufl. München: Hanser.

Rautenberg, H.G; Vormbaum, H. (1997): Finanzierung Und Investition: SPRINGER PUB CO. Online verfügbar unter http://books.google.de/books?id=wK1wrTgS72QC.

Rindelhardt, Udo (2001): Photovoltaische Stromversorgung. 1. Aufl. Stuttgart ;, Leipzig ;, Wiesbaden: Teubner.

Roberts, Simon; Guariento, Nicolò (2009): Gebäudeintegrierte Photovoltaik. Ein Handbuch. Basel [u.a.]: Birkhäuser.

Saß, Emanuel (2008): Erfolgreich mit Photovoltaik. [Ein Erfahrungsbericht von Emanuel Saß über seine mehrjährige Praxis als PV-Betreiber und Solarwirt; mit vielen Tipps, Insiderwissen, Checklisten und Fotos]. Norderstedt: Books on Demand.

Seltmann, Thomas (2011): Photovoltaik. Solarstrom vom Dach. 2. Aufl. Berlin: Stiftung Warentest.

Staab, J.R (2011): Erneuerbare Energien in Kommunen: Energiegenossenschaften Gr Nden, F Hren Und Beraten: Gabler, Betriebswirt.-Vlg. Online verfügbar unter http://books.google.de/books?id=garNWHCVjOUC.

Staab, Jürgen (2011, 2011): Erneuerbare Energien in Kommunen. Energiegenossenschaften gründen, führen und beraten. 1. Aufl. Wiesbaden: Gabler.

Stahr, M.; Hinz, D. (2011): Sanierung und Ausbau von Dächern: Grundlagen - Werkstoffe - Ausführung ; mit 93 Tabellen: Vieweg + Teubner. Online verfügbar unter http://books.google.de/books?id=Ww_OG4xMaqYC.

Stempel, U.E (2007): Photovoltaik-Solaranlagen für Alt- und Neubauten selbst planen und installieren: leicht gemacht, Geld und Ärger gespart!: Franzis Verlag GmbH. Online verfügbar unter http://books.google.de/books?id=XWxUhVbp2ocC.

Wagemann, Hans-Günther; Eschrich, Heinz (2007): Photovoltaik. Solarstrahlung und Halbleitereigenschaften, Solarzellenkonzepte und Aufgaben. 1. Aufl. Wiesbaden: Teubner.

Wagner, Andreas (2006): Photovoltaik-Engineering. Handbuch für Planung, Entwicklung und Anwendung. 2. Aufl. Berlin [u.a.]: Springer.

Werner, T. (2008): Ökologische Investments: Chancen und Risiken grüner Geldanlage: Gabler. Online verfügbar unter http://books.google.de/books?id=_NxDsYYQn60C.

Wesselak, Viktor; Schabbach, Thomas (2009): Regenerative Energietechnik. Berlin, Heidelberg: Springer.

Internetquellen

Bmu.de, (2011). eeg_2012_informationen_faq_bf.pdf (application/pdf-Objekt) (2011). Online verfügbar unter http://www.bmu.de/files/pdfs/allgemein/application/pdf/eeg_2012_informationen_faq_bf.pdf, zuletzt aktualisiert am 02.08.2011, zuletzt geprüft am 13.02.2012.

bmu.de, (2011a). eeg_2009_verguetungsdegression_bf.pdf (application/pdf-Objekt) (2011). Online verfügbar unter http://www.bmu.de/files/pdfs/allgemein/application/pdf/eeg_2009_verguetungsdegression_bf.pdf, zuletzt aktualisiert am 17.02.2011, zuletzt geprüft am 06.02.2012.

Bmu.de, (2011b). eeg_2012_verguetungsdegression_bf.pdf (application/pdf-Objekt) (2011). Online verfügbar unter http://www.bmu.de/files/pdfs/allgemein/application/pdf/eeg_2012_verguetungsdegression_bf.pdf, zuletzt aktualisiert am 10.11.2011, zuletzt geprüft am 06.02.2012.

Bundesnetzagentur.de, (2011). Online-Meldeportal Photovoltaikanlagen. Online verfügbar unter http://www.bundesnetzagentur.de/DE/Presse/Publikationen/aktuell/aktuell_201004/OnlineMeldeportal Photovoltaik/OnlineMeldungPhotovoltaik_node.html, zuletzt geprüft am 07.02.2012.

Bundesnetzagentur.de, (2011a). BNETZA (2012): Bundesnetzagentur Meldung Photovoltaikanlagen. Online verfügbar unter http://www.bundesnetzagentur.de/cln_1912/DE/Sachgebiete/ElektrizitaetGas/AnzeigenMitteilungen/M eldungPhotovoltaikanlagen/MeldungPhotovoltaikanlagenBasepage.html, zuletzt aktualisiert am 17.01.2012, zuletzt geprüft am 26.01.2012.

Bundesnetzagentur.de, (2011b). Bundesnetzagentur EEG-Vergütungssätze für Photovoltaikanlagen (2012). Online verfügbar unter http://www.bundesnetzagentur.de/cln_1911/DE/Sachgebiete/ElektrizitaetGas/ErneuerbareEnergienGes etz/VerguetungssaetzePVAnlagen/VerguetungssaetzePhotovoltaik_node.html, zuletzt aktualisiert am 08.02.2012, zuletzt geprüft am 08.02.2012.

Bundesnetzagentur.de, (2011c). DegressionsVergSaetzeAbJan2012_pdf.pdf;jsessionid=CAA4520206C1B82FBC6E63056C4EEEE1 (application/pdf-Objekt) (2011). Online verfügbar unter http://www.bundesnetzagentur.de/SharedDocs/Downloads/DE/BNetzA/Sachgebiete/Energie/Erneuerb areEnergienGesetz/Verguetungssaetze_PVAnl/DegressionsVergSaetzeAbJan2012_pdf.pdf;jsessionid=C AA4520206C1B82FBC6E63056C4EEEE1?__blob=publicationFile, zuletzt aktualisiert am 04.11.2011, zuletzt geprüft am 05.02.2012.

Bundesnetzagentur.de, (2011d). PVLeistungBundesland_2010pdf.pdf (application/pdf-Objekt) (2011). Online verfügbar unter http://www.bundesnetzagentur.de/SharedDocs/Downloads/DE/BNetzA/Sachgebiete/Energie/Erneuerb areEnergienGesetz/Verguetungssaetze_PVAnl/PVLeistungBundesland_2010pdf.pdf;jsessionid=CDF4A6 F94F4B94658973440AE4D59CD7?__blob=publicationFile zuletzt aktualisiert am 06.04.2011, zuletzt geprüft am 25.01.2012.

Buschen-stahl.de. unser sehr leichtes Flachdachmontagesystem ohne Dachdurchdringung- von Buschen-Stahl. Online verfügbar unter http://www.buschen-stahl.de/aluminiumprofile-flachdachmontagesystem.htm, zuletzt geprüft am 04.02.2012.

Celsi-solar.ch. OptiFix Roof - Schrägdach Befestigung. Online verfügbar unter http://celsi-solar.ch/product_info.php?products_id=371, zuletzt geprüft am 05.02.2012.

Celsi-solar.ch. optifixRoof_eb.jpg (JPEG-Grafik, 542 × 408 Pixel) (2009). Online verfügbar unter http://celsi-solar.ch/images/products/montagesysteme/solaranlagen-netz/optifixRoof_eb.jpg, zuletzt aktualisiert am 20.05.2009, zuletzt geprüft am 26.01.2012.

Dguv.de. psa-weg-ce-zeichen_gross.jpg (JPEG-Grafik, 800 × 603 Pixel) (2010). Online verfügbar unter http://www.dguv.de/dguv-test/de/_bilder/marginalspalte/bilder_gross/psa-weg-ce-zeichen_gross.jpg, zuletzt aktualisiert am 01.07.2010, zuletzt geprüft am 27.01.2012.

Din.de. Deutsches Institut für Normung: CE-Kennzeichnung. Online verfügbar unter http://www.din.de/cmd?level=tpl-unterrubrik&menuid=47421&cmsareaid=47421&menurubricid=47429&cmsrubid=47429&menusubrubid=47435&cmssubrubid=47435, zuletzt geprüft am 25.01.2012.

Dorfmueller-solaranlagen.com. DMI_modul_wechselrichter.jpg (JPEG-Grafik, 500 × 325 Pixel) (2006). Online verfügbar unter http://www.dorfmueller-solaranlagen.de/images/DMI_modul_wechselrichter.jpg, zuletzt aktualisiert am 06.12.2006, zuletzt geprüft am 04.02.2012.

duennschicht-solarmodule.com. Amorphes Silizium – die nächste Generation! - Warum DS-Dünnschichtmodule? - Dünnschicht Solarmodule - Großhandel direkt vom Hersteller. Online verfügbar unter http://www.duennschicht-solarmodule.com/amorphes-silizium-die-naechste-generation/Warum-QS-D%C3%BCnnschichtmodule.html, zuletzt geprüft am 25.01.2012.

Dwd.de. Wetter und Klima - Deutscher Wetterdienst -- Klimagutachten. Online verfügbar unter http://www.dwd.de/bvbw/appmanager/bvbw/dwdwwwDesktop?_nfpb=true&_pageLabel=_dwdwww_klima_umwelt_gutachten&T15805338371147076754824gsbDocumentPath=Navigation%2FOeffentlichkeit%2FKlima_Umwelt%2FKlimagutachten%2FSolarenergie%2FDownload_node.html%3F_nnn%3Dtrue, zuletzt geprüft am 13.02.2012.

Elektro-hille.de. Kunststoffwanne_ConSole.pdf (application/pdf-Objekt) (2010). Online verfügbar unter http://www.elektro-hille.de/uploads/pdf/Kunststoffwanne_ConSole.pdf, zuletzt aktualisiert am 26.11.2010, zuletzt geprüft am 13.02.2012.

Elektro-lingscheidt.de. STP245S_Wd_DE.pdf (application/pdf-Objekt) (2011). Online verfügbar unter http://www.elektro-lingscheidt.de/fileadmin/red_files/Module/STP245S_Wd_DE.pdf, zuletzt aktualisiert am 25.03.2011, zuletzt geprüft am 13.02.2012.

Energiederzukunft.net. Datenblatt NeMo 215_dt_engl.pdf (application/pdf-Objekt) (2012). Online verfügbar unter http://www.energiederzukunft.net/datenblaetter/Module/Heckert%20Solar/neu_2012/Datenblatt%20NeMo%20215_dt_engl.pdf, zuletzt aktualisiert am 18.01.2012, zuletzt geprüft am 13.02.2012.

Energieroute.de. Arten von Solarzellen. Online verfügbar unter
http://www.energieroute.de/solar/solarzellen.php, zuletzt geprüft am 25.01.2012.

energiesparen-im-haushalt.de. solarzellen-ausrichtung-winkel.gif (GIF-Grafik, 400 × 352 Pixel). Online
verfügbar unter http://www.energiesparen-im-haushalt.de/solarzellen-ausrichtung-winkel.gif, zuletzt
geprüft am 25.01.2012.

Energiesparhaus-ratgeber.de. Vor- und Nachteile einer Photovoltaik Anlage (PV Anlage): Bewertung &
Entscheidung. Online verfügbar unter http://www.energiesparhaus-ratgeber.de/solarstrom-
photovoltaik/vor-und-nachteile-einer-photovoltaik-anlage-pv-anlage-bewertung-entscheidung.php,
zuletzt geprüft am 25.01.2012.

energie-verstehen.de. energiepreise-strom, (GIF-Grafik, 480 × 270 Pixel). Online verfügbar unter
http://www.energie-verstehen.de/Energieportal/Redaktion/Bilder/Infografiken/energiepreise-
strom,property=bild,bereich=energieportal,sprache=de,width=480,height=270.gif, zuletzt geprüft am
08.02.2012.

Energiewelt.de. Solarstrom - (Photovoltaik) Vorteile. Online verfügbar unter
http://www.energiewelt.de/web/cms/de/339840/vorteile-der-pv-anlage/, zuletzt geprüft am
13.02.2012.

Enerix.org. STP20000TLHE-DDE113210W.pdf (application/pdf-Objekt) (2012). Online verfügbar unter
http://www.enerix.org/fileadmin/user_upload/Hersteller/Datenblaetter/SMA/STP20000TLHE-
DDE113210W.pdf, zuletzt aktualisiert am 25.01.2012, zuletzt geprüft am 13.02.2012.

Erneuerbare energien.de, (2011). eeg_2012_informationen_faq_bf.pdf (application/pdf-Objekt) (2011).
Online verfügbar unter http://www.erneuerbare-
energien.de/files/pdfs/allgemein/application/pdf/eeg_2012_informationen_faq_bf.pdf, zuletzt
aktualisiert am 02.08.2011, zuletzt geprüft am 06.02.2012.

Erneuerbare-energien.de, (2011a). ee_zahlen_internet-update.pdf (application/pdf-Objekt) (2012).
Online verfügbar unter http://www.erneuerbare-
energien.de/files/pdfs/allgemein/application/pdf/ee_zahlen_internet-update.pdf, zuletzt aktualisiert
am 24.01.2012, zuletzt geprüft am 08.02.2012.

erneuerbare-energien.de, (2011b). ust_direktverbrauch.pdf (application/pdf-Objekt) (2009). Online
verfügbar unter http://erneuerbare-
energien.de/files/pdfs/allgemein/application/pdf/ust_direktverbrauch.pdf, zuletzt aktualisiert am
07.01.2009, zuletzt geprüft am 06.02.2012.

Escomatic.de. Schäfer, Udo: ConSole ubbink 2.1 2.2 2.3 4.1 4.2 6.2 für Flachdach. Online verfügbar
unter http://www.esomatic.de/ConSole.asp, zuletzt geprüft am 13.02.2012.

Fix Gebäudereinigung, die Reinigungsfirma für Solarreinigung und Fassadenreinigung (2011). Online
verfügbar unter http://www.fix-gebaeudereinigung.de/solarreinigung/index.html, zuletzt aktualisiert
am 09.08.2011, zuletzt geprüft am 27.01.2012.

Fraunhofer.de. aktuelle-fakten-zur-photovoltaik-in-deutschland.pdf (application/pdf-Objekt) (2012). Online verfügbar unter http://www.ise.fraunhofer.de/de/veroeffentlichungen/studien-und-positionspapiere/aktuelle-fakten-zur-photovoltaik-in-deutschland.pdf, zuletzt aktualisiert am 31.01.2012, zuletzt geprüft am 06.02.2012.

Gehrlicher.com. Siemens_PVM10_de.pdf (application/pdf-Objekt) (2010). Online verfügbar unter http://www.gehrlicher.com/fileadmin/content/pdfs/de/wechselrichter/Siemens_PVM10_de.pdf, zuletzt aktualisiert am 05.03.2010, zuletzt geprüft am 13.02.2012.

Gls.de. pv_flyer_110630.pdf (application/pdf-Objekt) (2011). Online verfügbar unter http://www.gls.de/fileadmin/media/pdf_formularcenter/pv_flyer_110630.pdf, zuletzt aktualisiert am 30.06.2011, zuletzt geprüft am 04.02.2012.

gls.de. Schmoll, Bettina: Solaranlage - Klimaschutz auf dem eigenen Dach - GLS Bank. GLS Bank. Online verfügbar unter http://www.gls.de/unsere-angebote/finanzierungen/regenerative-energien/private-photovoltaik-anlage.html, zuletzt geprüft am 26.01.2012.

Hbsolar.eu. hb Solar: SCIROCCO. Online verfügbar unter http://www.hbsolar.eu/unsere-leistungen/flachdach-solaranlagen/scirocco.html, zuletzt geprüft am 13.02.2012.

Heckertsolar.com. AG, Heckert Solar: Autark-Set | Unsere Allroundmodule NeMo® P und PXL* | Photovoltaik-Systeme | Heckert Solar - energy meets quality. Online verfügbar unter http://www.heckertsolar.com/index.php?id=1412&type=0&jumpurl=uploads%2Fmedia%2FNeMo_Autark-Set_200-24.pdf&juSecure=1&locationData=1412%3Att_content%3A7122&juHash=1cac6273642b9fe58c43f2a8a6d492aac4ac47f8&PHPSESSID=f39484ba71feebc2292faeaf3e14f408, zuletzt geprüft am 13.02.2012.

iea-pvps.org. Statistic Reports. Online verfügbar unter http://www.iea-pvps.org/index.php?id=32, zuletzt geprüft am 25.01.2012.

IEC - About the IEC. Online verfügbar unter http://www.iec.ch/about/, zuletzt geprüft am 08.02.2012.

Iftue.de. IFTÜ CE-Konformität. Online verfügbar unter http://www.iftue.de/de/ce-konformitaet/index.html, zuletzt geprüft am 25.01.2012.

isofoton.com. ENG ISF 240-245-250.pdf (application/pdf-Objekt) (2011). Online verfügbar unter http://www.isofoton.com/ingles/pdf/ENG%20ISF%20240-245-250.pdf, zuletzt aktualisiert am 12.08.2011, zuletzt geprüft am 13.02.2012.

kaco-newenergy.de, (2011). KACO new energy GmbH: KACO new energy GmbH :: Powador 39.0 TL3Powador 39.0 TL3. KACO new energy GmbH. Online verfügbar unter http://kaco-newenergy.de/de/site/572/produkte/photovoltaik/netzgebunden/trafolose_drehstromwechselrichter_powador_30.0_tl3-39.0_tl3/Powador-39-0-TL3/page/produkte/details.xml, zuletzt geprüft am 13.02.2012.

kaco-newenergy.de, (2011a). KACO new energy GmbH: KACO new energy GmbH :: Powador 10.0 TL3Powador 10.0 TL3. KACO new energy GmbH. Online verfügbar unter http://kaco-newenergy.de/de/site/528/produkte/photovoltaik/netzgebunden/trafolose_drehstromwechselrichter_p owador 10.0 tl3-14.0 tl3/Powador-10-0-TL3/page/produkte/details.xml, zuletzt geprüft am 13.02.2012.

kaesser (2004): Betriebsplanung & Finanzierung. Online verfügbar unter https://www.landwirtschaft-bw.info/servlet/PB/menu/1035240/index.html, zuletzt aktualisiert am 01.01.2004, zuletzt geprüft am 26.01.2012.

kfw.de. KfW Bankengruppe | Erneuerbare Energien - Standard. Online verfügbar unter http://www.kfw.de/kfw/de/Inlandsfoerderung/Programmuebersicht/Erneuerbare_Energien_-_Standard/index.jsp, zuletzt geprüft am 26.01.2012.

knubix.de. KNUBIX-Datenblatt.pdf (application/pdf-Objekt) (2011). Online verfügbar unter http://www.knubix.de/media/zertifikate/KNUBIX-Datenblatt.pdf, zuletzt aktualisiert am 11.08.2011, zuletzt geprüft am 13.02.2012.

Mission-solar.eu. GS245m-deutsch-web.pdf (application/pdf-Objekt) (2010). Online verfügbar unter http://www.mission-solar.eu/fileadmin/user_upload/01_produkte/Module/Galaxy_Energy/GS245m-deutsch-web.pdf, zuletzt aktualisiert am 09.09.2010, zuletzt geprüft am 13.02.2012.

Photon.info. Online verfügbar unter http://www.photon.info/photon_lab_modul_leistung_de.photon, zuletzt geprüft am 04.02.2012.

Photovoltaic-shop.com, (2011a). Bosch_c-Si-M 225-245.pdf (application/pdf-Objekt) (2011). Online verfügbar unter http://www.photovoltaik-shop.com/images/Bosch_c-Si-M%20225-245.pdf?osCsid=645bccce0ee2620069b2afeb4a1ecb13, zuletzt aktualisiert am 26.10.2011, zuletzt geprüft am 13.02.2012.

Photovoltaic-shop.com, (2011b). STP280-24Vd.pdf (application/pdf-Objekt) (2010). Online verfügbar unter http://www.photovoltaik-shop.com/images/STP280-24Vd.pdf?osCsid=6d33fdacd1e9203ca5d19c8035044839, zuletzt aktualisiert am 29.03.2010, zuletzt geprüft am 13.02.2012.

Photovoltaik.eu. Siemens_inverter_PVS500.jpg (JPEG-Grafik, 734 × 600 Pixel) (2010). Online verfügbar unter http://www.photovoltaik.eu/fileadmin/uploads/bilder/News/produkte_intersolar/Siemens_inverter_PVS500.jpg, zuletzt aktualisiert am 07.06.2010, zuletzt geprüft am 13.02.2012.

photovoltaikanlage.biz. pagesurfer (2011): Polykristallines Modul 230Wp | Photovoltaikanlage. Unter Mitarbeit von pagesurfer. Online verfügbar unter http://www.photovoltaikanlage.biz/kleinanzeige/Polykristallines-Modul-230Wp-4, zuletzt aktualisiert am 01.01.2011, zuletzt geprüft am 13.02.2012.

Photovoltaikforum.com. Photovoltaikforum GmbH: Portal • Photovoltaikforum. Online verfügbar unter http://www.photovoltaikforum.com/, zuletzt geprüft am 08.02.2012.

Photovoltaik-shop.com, (2011). Bosch_c-Si-M-48_Produktinformation_0311[1].pdf (application/pdf-Objekt) (2011). Online verfügbar unter http://www.photovoltaik-shop.com/images/Bosch_c-Si-M-

48_Produktinformation_0311%5B1%5D.pdf?osCsid=55455deefc9cc03ffb97eb1b5055c1aa, zuletzt aktualisiert am 19.08.2011, zuletzt geprüft am 13.02.2012.

Photovoltaikversicherung24.de. PV24_Uebersicht.pdf (application/pdf-Objekt) (2012). Online verfügbar unter https://photovoltaikversicherung24.de/administrator/meinedateien/PDF/PV24_Uebersicht.pdf, zuletzt aktualisiert am 05.02.2012, zuletzt geprüft am 13.02.2012.

Power-one.de. PVI-10.0, PVI-12.5 | Power-One. Online verfügbar unter http://www.power-one.com/renewable-energy/products/solar/string-inverters/aurora-trio/pvi-100-pvi-125/series, zuletzt geprüft am 13.02.2012.

Proteus-solutions.de. GbR, Proteus Solutions; (BLK), Björn-Lars Kuhn; (TBS), Thomas Boss; T:07424-940013-70 (2012): Wie funktioniert die Überwachung von Solarstromanlagen im Internet? Online verfügbar unter http://www.proteus-solutions.de/~Unternehmen/News-PermaLink;tM.F06!sM.PV00!Article.953268.asp, zuletzt aktualisiert am 14.02.2012, zuletzt geprüft am 14.02.2012.

Pv-Ertrag.com. Photovoltaikmodul Erwärmung. Online verfügbar unter http://www.pv-ertrag.com/erwaermung.php, zuletzt geprüft am 13.02.2012.

Pvlog.de. Common-Link AG - Karlsruhe ©2010 (2012): Solarerträge und Messwerte „DBI Sanitz". Online verfügbar unter http://www.pvlog.de/solar.phtml?nav=data&lid=VQTIPJ4HQ82u5cSK, zuletzt aktualisiert am 01.01.2012, zuletzt geprüft am 26.01.2012.

pvtest.ch. reduktion_energieertrag_pv_verschmutzung_stst99.pdf (application/pdf-Objekt) (2011). Online verfügbar unter http://www.pvtest.ch/fileadmin/user_upload/lab1/pv/reduktion_energieertrag_pv_verschmutzung_stst99.pdf, zuletzt aktualisiert am 02.03.2011, zuletzt geprüft am 03.02.2012.

Renewable-energy-concepts.com. Image. Online verfügbar unter http://www.renewable-energy-concepts.com/index.php?eID=tx_cms_showpic&file=uploads%2Fpics%2FSchaltung_Wechselrichter_Solargenerator.png&width=800m&height=600m&bodyTag=%3Cbody%20style%3D%22margin%3A0%3B%20background%3A%23fff%3B%22%3E&wrap=%3Ca%20href%3D%22javascript%3Aclose%28%29%3B%22%3E%20|%20%3C%2Fa%3E&md5=36452a9a5182f6fec149fe194cbd5925, zuletzt geprüft am 27.01.2012.

Renusol.com. Renusol_CB_A05_DE.pdf (application/pdf-Objekt) (2012). Online verfügbar unter http://www.renusol.com/uploads/media/Renusol_CB_A05_DE.pdf, zuletzt aktualisiert am 10.01.2012, zuletzt geprüft am 13.02.2012.

Renusol.com. Renusol_Garantiebedingungen_120209.pdf (application/pdf-Objekt) (2012). Online verfügbar unter http://www.renusol.com/uploads/media/Renusol_Garantiebedingungen_120209.pdf, zuletzt aktualisiert am 08.02.2012, zuletzt geprüft am 13.02.2012.

Rosa-photovoltaik.de. Photovoltaikversicherung Vergleich Condor, Zurich, VHV, AXA und Helvetia. Online verfügbar unter http://www.rosa-photovoltaik.de/photovoltaikversicherung-vergleich/, zuletzt geprüft am 08.02.2012.

Schletter.de. Schletter GmbH, Alustraße 1, 83527 Kirchdorf / Haag i. OB, Deutschland (2011): Solar Montagesysteme | Flachdach, Freifläche, Schrägdach, Fassade, Carport | 0 | Schletter GmbH. Online verfügbar unter http://www.schletter.de/152-0-Solar-Montagesysteme.html, zuletzt aktualisiert am 20.05.2011, zuletzt geprüft am 13.02.2012.

Sfv.de, (2011). Anwendungshinweis des BMU / BMWi zum Einspeisemanagement nach § 6 EEG 2012 - Solarenergie-Förderverein Deutschland (SFV) - Sonnenenergie, Photovoltaik, Solarthermie, Windenergie, Geothermie, Wasserkraft, Biomasse-Reststoffe und Stromspeicher für die Energiewende (2012). Online verfügbar unter http://www.sf.v.de/artikel/zum_einspeisemanagement_nach_eeg2012.htm, zuletzt aktualisiert am 12.01.2012, zuletzt geprüft am 08.02.2012.

Sma.de. (2011). SMA Solar Technology AG: SUNNY CENTRAL 400HE-11 / 500HE-11 / 630HE-11. SMA Solar Technology AG. Online verfügbar unter http://www.sma.de/de/produkte/solar-wechselrichter/sunny-central/sunny-central-400he-11-500he-11-630he-11.html, zuletzt geprüft am 13.02.2012.

Sma.de. (2011a). SMA Solar Technology AG: SUNNY BOY 3000TL / 4000TL / 5000TL. SMA Solar Technology AG. Online verfügbar unter http://www.sma.de/de/produkte/solar-wechselrichter/sunny-boy/sunny-boy-3000tl-4000tl-5000tl.html, zuletzt geprüft am 13.02.2012.

Solaranlagen-portal.com. (2011) Monokristallin oder Polykristallin - Solarzellen im Vergleich. Online verfügbar unter http://www.solaranlagen-portal.com/photovoltaik/kosten/preisentwicklung, zuletzt geprüft am 13.02.2012.

Solaranlagen-portal.com. (2011a) Monokristallin oder Polykristallin - Solarzellen im Vergleich. Online verfügbar unter http://www.solaranlagen-portal.com/solarmodule/systeme/vergleich, zuletzt geprüft am 13.02.2012.

Solar-fabrik.de, (2011). Premium_S_mono_dt_11.04.pdf (application/pdf-Objekt) (2011). Online verfügbar unter http://www.solar-fabrik.de/fileadmin/user_upload/Premium_S_mono/Premium_S_mono_dt_11.04.pdf, zuletzt aktualisiert am 26.05.2011, zuletzt geprüft am 13.02.2012.

Solar-fabrik.de, (2011a). Premium_S_poly_dt_11.04.pdf (application/pdf-Objekt) (2011). Online verfügbar unter http://www.solar-fabrik.de/fileadmin/user_upload/Premium_S_poly/Premium_S_poly_dt_11.04.pdf, zuletzt aktualisiert am 26.05.2011, zuletzt geprüft am 13.02.2012.

Solarserver.de. sunny_tripower.jpg (JPEG-Grafik, 270 × 226 Pixel) (2010). Online verfügbar unter http://www.solarserver.de/uploads/pics/sunny_tripower.jpg, zuletzt aktualisiert am 01.06.2010, zuletzt geprüft am 13.02.2012.

solarshop.net. Lardy, Michael: Aurora PVI-3.6-OutD-S (Wechselrichter / Netz / Solar » Power One » Wechselrichter) - solarshop.net: Solarmodule, Solarstromanlagen, Photovoltaikanlagen günstig online kaufen. ENERGIEWENDE Verlag & Vertrieb. Online verfügbar unter http://www.solarshop.net/product_info.php/products_id/2418, zuletzt geprüft am 13.02.2012.

Stadtwerke-sindelfingen.de. uebermengen.bmp (BMP-Grafik, 464 × 488 Pixel) (2010). Online verfügbar unter http://www.stadtwerke-sindelfingen.de/fileadmin/assets/allgemein/Strom/Photovoltaik/uebermengen.bmp, zuletzt aktualisiert am 23.02.2010, zuletzt geprüft am 26.01.2012.

Stecasolar.com. Steca Elektronik GmbH: STECA StecaGrid 3000 und StecaGrid 3600. Steca Elektronik GmbH, 87700 Memmingen, Germany. Online verfügbar unter http://www.stecasolar.com/index.php?StecaGrid_3000_3600_de, zuletzt geprüft am 13.02.2012.

Stiehle.net. 1033_0.jpg (JPEG-Grafik, 550 × 367 Pixel) (2011). Online verfügbar unter http://www.stiehle.net/shop/images/product_images/popup_images/1033_0.jpg, zuletzt aktualisiert am 22.08.2011, zuletzt geprüft am 08.02.2012.

Sungrowpower.com. (application/pdf-Objekt) (2011). Online verfügbar unter http://www.sungrowpower.com/de/file/sg/sg2k5tlsg3ktlsg4ktl-31-de.pdf, zuletzt aktualisiert am 18.07.2011, zuletzt geprüft am 13.02.2012.

Swb-netze.de. Preisblatt_2a_HB_2012_v2.pdf (application/pdf-Objekt) (2012). Online verfügbar unter https://www.swb-netze.de/_media/download/hb-nn-strom/Preisblatt_2a_HB_2012_v2.pdf, zuletzt aktualisiert am 01.02.2012, zuletzt geprüft am 13.02.2012.

Tarif24.de. Photovoltaik Versicherung Leistungsvergleich. Online verfügbar unter https://www.mr-money.de/module/steuerung.php, zuletzt geprüft am 13.02.2012.

tec-institut.de, (2011). Ertragsmessungen an PV-Modulen unter 25° und 12° Neigungswinkel. Online verfügbar unter http://www.tec-institut.de/testberichte/49-ertragsmessungen-an-pv-modulen-unter-25d-und-12d-neigungswinkel-.html, zuletzt geprüft am 13.02.2012.

tec-institut.de, (2011a). Administrator: Ermittlung des Temperaturverhaltens verschiedener Photovoltaik-Zellenarten. Online verfügbar unter http://www.tec-institut.de/testberichte/3-ermittlung-des-temperaturverhaltens-verschiedener-photovoltaik-zellenarten-.html, zuletzt geprüft am 04.02.2012.

Tuv.com, (2011). 63_W_Vaassen_Zertifikate_und_Fertigungsstaettenueberwachung.pdf (application/pdf-Objekt) (2012). Online verfügbar unter http://www.tuv.com/media/germany/10_industrialservices/pvworkshop/sitzung_6/63_W_Vaassen_Zertifikate_und_Fertigungsstaettenueberwachung.pdf, zuletzt aktualisiert am 30.01.2012, zuletzt geprüft am 04.02.2012.

tuv.com, (2011a). IEC_61730_Info_20101029.pdf (application/pdf-Objekt) (2012). Online verfügbar unter http://www.tuv.com/media/germany/10_industrialservices/downloadsi06/IEC_61730_Info_20101029.pdf, zuletzt aktualisiert am 03.02.2012, zuletzt geprüft am 05.02.2012.

tuv.com, (2011b). TUVdotCOM | TÜV Rheinland. Online verfügbar unter http://www.tuv.com/de/deutschland/gk/produktpruefung/pruefzeichen_zerftifizierungen/tuv_dot_com/tuvdotcom.jsp, zuletzt geprüft am 05.02.2012.

tuv.com, (2011c). IEC_61215_61646_Info_20101029.pdf (application/pdf-Objekt) (2012). Online verfügbar unter http://www.tuv.com/media/germany/10_industrialservices/downloadsi06/IEC_61215_61646_Info_20101 029.pdf, zuletzt aktualisiert am 09.02.2012, zuletzt geprüft am 13.02.2012.

umweltbank.de. UmweltBank | Solarfinanzierungskonditionen. Online verfügbar unter http://umweltbank.de/kreditkonditionen/solarkonditionen.html, zuletzt geprüft am 04.02.2012.

Valentin.de. PV*SOL Expert | Valentin Software - Simulationsprogramme für Solaranlagen (2012). Online verfügbar unter http://www.valentin.de/produkte/photovoltaik/12/pvsol-expert, zuletzt aktualisiert am 26.01.2012, zuletzt geprüft am 26.01.2012.

Wagner-solar.com. Weckesser, Karin: Wagner & Co Solartechnik, Solaranlagen, Photovoltaik, Solarthermie, Solarkollektoren, Solarmodule - Montagesystem TRIC. Online verfügbar unter http://www.wagner-solar.com/strom/produkte/montagesysteme-tric, zuletzt geprüft am 13.02.2012.

Wagner-solar.de. Weckesser, Karin: Wagner Solar Sonnenkollektoren, Photovoltaik Anlagen, Solaranlagen - Garantieübersicht. Online verfügbar unter http://www.wagner-solar.com/strom/produkte/garantieuebersicht, zuletzt geprüft am 26.01.2012.

Wasi-solar.de. Flachdachsystem_PanelClawII_GB_deu.pdf (application/pdf-Objekt) (2012). Online verfügbar unter http://www.wasi-solar.de/fileadmin/download/flachdach/Flachdachsystem_PanelClawII_GB_deu.pdf, zuletzt aktualisiert am 18.01.2012, zuletzt geprüft am 11.02.2012.

Windgate.ch. Online verfügbar unter http://www.windgate.ch/image.cfm?image=/pictures/aufbau_solarzelle.jpg&title=, zuletzt geprüft am 08.02.2012.